Hadda Benderradji

Contribution à la commande robuste de la machine à induction

Hadda Benderradji

Contribution à la commande robuste de la machine à induction

Commande de la machine asynchrone

Presses Académiques Francophones

Impressum / Mentions légales

Bibliografische Information der Deutschen Nationalbibliothek: Die Deutsche Nationalbibliothek verzeichnet diese Publikation in der Deutschen Nationalbibliografie; detaillierte bibliografische Daten sind im Internet über http://dnb.d-nb.de abrufbar.

Information bibliographique publiée par la Deutsche Nationalbibliothek: La Deutsche Nationalbibliothek inscrit cette publication à la Deutsche Nationalbibliografie; des données bibliographiques détaillées sont disponibles sur internet à l'adresse http://dnb.d-nb.de.

Coverbild / Photo de couverture: www.ingimage.com

Verlag / Editeur:
Presses Académiques Francophones
ist ein Imprint der / est une marque déposée de
OmniScriptum GmbH & Co. KG
Heinrich-Böcking-Str. 6-8, 66121 Saarbrücken, Deutschland / Allemagne
Email: info@presses-academiques.com

Herstellung: siehe letzte Seite /
Impression: voir la dernière page
ISBN: 978-3-8381-8943-7

Résumé

L'objectif principal de ce travail est de contribuer à la commande robuste et à l'observation des variables d'états de la machine asynchrone. Ensuite de passer à la validation sur banc d'essai expérimental.

Dans la première partie, une présentation rapide de la commande vectorielle classique a été abordée. De nouvelles approches de commandes linéaires et non linéaires sont proposées afin d'améliorer les performances obtenues. Il s'agit plus précisément de la commande par mode glissant classique et d'ordre deux ainsi que la commande H_∞.

La deuxième partie est consacrée à l'observation des variables d'états de la machine, en l'occurrence le flux rotorique et la vitesse mécanique. Deux commandes sans capteur mécanique basées sur des structures MRAS et les modes glissants d'ordre deux sont présentées et validées sur un banc d'essai expérimental. Dans ce cadre, un nouvel algorithme a été proposé, basé sur le supertwisting pour garantir simultanément la convergence vers zéro en un temps fini de la surface de glissement et la réduction du phénomène de broutement.

Mots clés

- Moteur à induction
- Contrôle par Orientation du flux rotorique
- Mode glissant, commande H_∞
- Observateur MRAS
- Observateur mode glissant
- Commande sans capteur mécanique.

Table des matières

<u>Chapitre 1</u>

Généralités sur les théories de commande par modes glissants et H infini

Chapitre 2

Approches de commandes de la machine asynchrone linéarisée

Chapitre 3

Validation expérimentale

Chapitre 4

Commande par mode glissant d'ordre deux

Chapitre 5

Observation du flux et de vitesse par mode glissant d'ordre deux

Annexes

Notations et symboles

s, r   Indice du stator et du rotor

d, q   Indice du référentiel direct et quadrature du référentiel lié au champ tournant.

α, β   Indice des axes direct et quadrature du référentiel lié au stator

R_r Résistance rotorique par phase

R_s Résistance statorique par phase

L_r Inductance rotorique par phase

L_s Inductance statorique par phase

M   Inductance mutuelle

T_r Constante de temps rotorique

σ   Coefficient de dispersion total

J   Moment d'inertie des masse tournantes

F   Coefficient des frottements visqueux

p   Nombre de paire de pôle

C_e Couple électromagnétique

C_r Couple résistant

u_s Vecteur des tensions statoriques

i   Courant

ϕ_r Flux roeorique.

φ Module du flux rotorique au carré.

S(x)   Surface de glissement.

θ   Angle entre un axe du stator et un axe du rotor.

θ_s Angle d'un axe lié au champ tournant par rapport au repère du stator.

ω Vitesse mécanique de rotation

ω_s Vitesse électrique du champ tournant

ω_r Vitesse électrique angulaire.

ξ Coefficient d'amortissement.

ω_c Pulsation propre non amortie.

s Opérateur de Laplace

$\wedge$ Signe pour une quantité estimée.

ref, *   Référence

S   Fonction de sensibilité

T   Fonction de sensibilité complémentaire.

W(s)   Fonction de pondération ou de compensation.

ε Marge de stabilité.

$\bar{\sigma}$ Valeur singulière maximale.

$\underline{\sigma}$ Valeur singulière minimale.

FOC   Commande vectorielle par orientation de flux rotorique.

PI   Action proportionnelle et intégrale

FTBF   Fonction de transfert en boucle fermée

FTBO   Fonction de transfert en boucle ouverte

MAS   Machine asynchrone

MLI   Modulation de largeur d'impulsion

MRAS   Système Adaptatif du Modèle de référence

MG   Mode glissant

2-MG   Mode glissant de second ordre

RH_∞ Ensemble des fonctions réelles, rationnelles, propres et stables.

$\|.\|_\infty$ Norme H_∞

Introduction générale

La machine à induction est appréciée dans le domaine industriel en raison de ses avantages de simplicité de construction, de robustesse et de faible coût d'achat et d'entretien. Cependant, son modèle multi-variables est non linéaire, fortement couplé et dont les paramètres varient dans le temps. De plus, certaines variables ne sont pas accessibles à la mesure nécessitant l'utilisation d'observateurs d'états et réduisant la robustesse de la commande de la machine.

Malgré ces difficultés, depuis plusieurs années, la présence du moteur à induction dans les entraînements à vitesse variable ne cesse de croître. Aujourd'hui, il est considéré dans plusieurs applications comme les trains à grande vitesse (TGV), ascenseurs, téléphériques, élévateurs, pompage, ventilation, …etc. Cela a été possible grâce, d'une part, à l'évolution des convertisseurs statiques de puissance associés aux systèmes de contrôle et d'autre part, à la disponibilité de moyen de calcul très rapide tels le DSP permettant l'implantation facile d'algorithmes de commande très complexes.

Diverses approches de commandes ont été exploitées, on peut distinguer de manière non exhaustive la commande vectorielle, la technique de linéarisation entrée-sortie, la régulation H_∞, la commande par mode glissant....etc. Elles ont été développées et appliquées dans divers domaines, en particulier la commande de la machine asynchrone.

La commande vectorielle par orientation de flux (FOC) à été présentée au début des années 70 par F. Blaschke [Bla72] et Hass [Has79] pour aboutir à un découplage entre le flux magnétique et le couple électromagnétique similaire à

1

celui d'une machine à courant continu à excitation séparée. Deux types du contrôle vectoriel à flux orienté sont possibles, le premier directe, nécessite la connaissance du module et de la phase du flux rotorique réel et le second indirecte, où seule la position du flux rotorique est estimée [Car95] [Can00] [Leo96]. Cette technique permet des performances dynamiques de bonne qualité. Cependant, l'expérience a montré que cette technique présente une grande sensibilité aux variations paramétriques, notamment à la variation de la résistance rotorique qui a une relation directe avec l'angle d'orientation du flux. Une légère variation de celle-ci entraîne une erreur sur l'orientation du référentiel tournant ainsi qu'une perte de découplage, d'où l'influence sur sa robustesse. De ce fait, plusieurs techniques de contrôle ont été développées pour améliorer les performances et la robustesse par rapport aux variations paramétriques. On citera en premier lieu, la commande non linéaire par retour d'état de linéarisation entrée-sortie [Isi89]. Cette technique a été utilisée depuis les années 80 permettant de réaliser un découplage entre le flux et le couple d'une machine asynchrone soit dans un repère lié au stator (α,β) soit dans un repère lié au flux rotorique (d,q) en utilisant les outils de la géométrie différentielle [Krz87] [Bel93] [Mar93] [Mak03]. La mise en œuvre de cette commande montre un inconvénient majeur face aux variations paramétriques. Il est judicieux alors de concevoir une régulation plus performante et moins sensible aux variations paramétriques.

Parmi les techniques de contrôle robuste appliquées aux systèmes linéaires et assurant la robustesse, on cite la commande H_∞. Elle a été développée, en particulier par Doyle, Glover et Francis [Fra87], et utilisée par plusieurs chercheurs dans divers domaines [Benl07] [Zem07] [Sos09] [Pal06] [Cho97] [Cho97a] [Bend11] [Mak04] [Ram01] [Pre02] [Zhe06]. La commande H_∞ est un moyen d'intégrer différents objectifs de performances et de robustesse à l'aide des fonctions de pondération pour la synthèse des correcteurs H_∞. L'inconvénient majeur de cette technique est l'ordre élevé du régulateur synthétisé La réduction de

2

cet ordre devient impératif avant l'implantation sur le banc d'essai car cela pourait dégrader les objectifs de performances requises lors de la conception.

La commande par mode glissant a connu un essor à la fin des années soixante-dix lorsque "Utkin" introduit la théorie des modes glissants. Le principe de cette technique est de contraindre le système à atteindre et ensuite rester sur une surface dite de glissement. Le comportement dynamique résultant est appelé régime glissant. Une telle technique permet d'un côté, la réduction de l'ordre du système et de l'autre, l'insensibilité aux variations paramétriques. Vue l'importance apportée à ce type de commandes, plusieurs travaux ont été présentés dans la littérature pour la commande de la machine asynchrone [Utk93] [Glu99] [Flo00a] [Mez06] [Ina02] [Dja93] [Ben01]. Des essais expérimentaux ont montrée que l'inconvénient majeur du mode glissant d'ordre simple est le phénomène du broutement qui conduit à l'instabilité du système.

Pour résoudre ce problème, une commande par mode glissant d'ordre supérieur a été introduite dans les années 80 par [Leva85]. C'est une technique de commande non linéaire qui permet la conservation des avantages du régime glissant du premier ordre et la réduction du broutement en assurant la convergence en un temps fini vers la surface de glissement. Dans la littérature, beaucoup de résultats pratiques sont à citer. Par exemple Bartolini dans [Bar02] a fait la synthèse d'une loi de commande en mode glissant du deuxième ordre (2-MG) pour contrôler une grue. Il a garanti par des essais expérimentaux la convergence rapide et la suppression des oscillations. Dans [Flo00] une commande par 2-MG a été appliquée sur le moteur à induction. Des résultats expérimentaux sont fournis pour démontrer les propriétés de robustesse par rapport aux incertitudes paramétriques et à la variation du couple de charge. Khan a développé une variante très intéressante de la commande par mode glissant d'ordre supérieur appelée super twisting appliqué à la commande en vitesse d'un moteur de véhicule [Kha03]. Cela a évité la nécessité de connaître la dérivée de la surface de glissement et par conséquent l'observation de l'accélération du véhicule. D'autre part, dans le domaine de la robotique, Bartolini a utilisé le 2-MG pour le contrôle en position/force d'un robot manipulateur [Bar97] et le contrôle de la trajectoire d'un robot sous-marin [Bar98]. La plus part des résultats obtenus seulement en simulation, montrent la robustesse en présence d'incertitudes paramétriques et la réduction du broutement.

La commande des machines asynchrone nécessite une bonne connaissance des grandeurs d'état et des paramètres du modèle. L'accès à ces grandeurs d'état passe par la mesure au moyen des capteurs qui augmentent la complexité et le coût de l'installation. Pour faire face à ce problème, la commande sans capteur est donc devenue un sujet de préoccupation majeur.

Parmi les techniques utilisées, on peut citer: l'observateur de Luenberger [Kwo05], l'observateur à grand gain [Ken06], le filtre de Kalman [Kim94], les observateurs basés sur les systèmes adaptatifs à modèle de référence MRAS, les observateurs adaptatifs [Mar04] [Kub02], et les techniques basées sur les modes glissants [Bart03] [Li05]. Ces techniques ont attiré le plus d'attention pour l'observation du flux et de la vitesse et chacune de ces techniques présente des avantages et des inconvénients. Parmi les observateurs les plus utilisés, le filtre de Kalman étendu. Cette technique a été utilisée beaucoup plus pour l'observation du flux et de la vitesse que pour l'estimation paramétrique et présente l'avantage de tenir compte des caractéristiques du bruit [Lei04] [Shi02].

La structure MRAS, formulée la première fois par Schauder en 1989 et exploitée par plusieurs auteurs [Lin98] [Zhe98], se compose de deux modèles d'estimateurs indépendants, modèle de référence et modèle ajustable. Le vecteur d'erreur entre ces deux modèles pilote un algorithme d'adaptation générant la vitesse estimée. Cette technique permet d'améliorer les performances d'estimation de la vitesse mais ne peut s'étendre à très basse vitesse. Pour améliorer la dynamique d'estimation de la vitesse rotorique, plusieurs solutions ont été proposées. Dans [Hua04] [Cár05] une solution aux problèmes de conditions initiales pour

4

l'estimation du flux du moteur a été mise en œuvre. L'intégrateur a été remplacé par un filtre passe bas avec une fréquence de coupure bien choisie. [Wai05] a proposé d'adapter la résistance rotorique par un compensateur flou. Malgré les améliorations apportées, les chercheurs n'ont pas aboutit un bon fonctionnement de la MAS à vitesse nulle.

Pendant les deux dernières décennies, beaucoup de chercheurs ont proposé différents algorithmes pour l'observation du flux et de vitesse basés sur les modes glissants d'ordre supérieur [Sol10] [Flo02] [Saa07] [Yan00] [Ras05]. Dans [Sol10] ; il a été proposé un nouvel observateur à mode glissant d'ordre deux, basé sur l'algorithme "super twisting" afin d'estimer le flux et la vitesse. Les résultats expérimentaux montrent une convergence en temps fini et une robustesse par rapport aux variations paramétriques. [Flo02] a utilisé l'algorithme du twisting pour développer un observateur de vitesse et assurer la convergence en temps fini et la réduction du broutement. L'inconvénient de cette technique est la nécessité d'observer la dérivée de la surface de glissement. D'autres travaux ont utilisé aussi l'algorithme du super twisting pour observer la vitesse en continu et en discret comme [Flo07], [Saa07]. Ils ont développé l'observateur de vitesse sans connaitre le couple de charge.

- **Motivation et organisation de la thèse**

Les travaux présentés dans ce travail ont porté sur la réalisation d'algorithmes de commande et d'observation de la MAS depuis la phase d'étude théorique jusqu'à la réalisation expérimentale.

Le but principal poursuivi, est d'étudier les différentes techniques de commande basées sur la commande vectorielle, à savoir les commandes linéaires, les commandes non linéaires et les commandes sans capteur mécanique, tout en essayant d'améliorer la poursuite de trajectoires, garantir la stabilité, la robustesse aux variations des paramètres et le rejet de perturbation. Nous avons orienté notre travail dans cette direction et qui a aboutit aux contributions suivantes:

- Validation sur le banc d'essai de différentes lois de commandes linéaires appliquées à la machine asynchrone basées sur la linéarisation entrée-sortie par mode glissant d'ordre un avec présentation de comparaison au niveau de performances et robustesse.

- Développement d'une nouvelle commande non linéaire par mode glissant d'ordre deux par comparaison à d'autres lois de commandes de type commande par 2-MG utilisant l'algorithme de twisting et la commande par MG d'ordre un.

- Validation sur le banc d'essai d'une nouvelle technique d'observation de flux et de vitesse basée sur le mode glissant d'ordre deux avec la preuve de convergence de l'algorithme du super twisting. et fonctionnement à très basse vitesse.

Notre thèse est organisée comme suit :

Dans le premier chapitre, nous présenterons les concepts de base et la synthèse théorique des approches de la commande par mode glissant classique et d'ordre supérieur ainsi que la procédure du contrôle par l'approche H_∞ par factorisation première.

Dans le deuxième chapitre, nous rappellerons brièvement la modélisation de Park de la machine asynchrone sous forme de représentation d'état dans différents repères, puis nous nous intéresserons plus particulièrement à la commande vectorielle de la machine par orientation de flux rotorique. Cependant, une version pour l'amélioration des performances de cette commande est présentée en terme d'une linéarisation entrée sortie par mode glissant classique. Le modèle linéaire obtenu sera corrigé par différents régulateurs tels que le régulateur proportionnel intégral (PI), le régulateur H infini et enfin le régulateur par mode glissant d'ordre un.

Dans le chapitre trois nous présenterons d'abord le banc d'essai du laboratoire d'électrotechnique LTI à Cuffies et ensuite les résultats de la validation expérimentale des techniques de commande citées ci-dessus avec une étude comparative de leurs performances.

Le chapitre quatre sera entièrement consacré à la mise en œuvre sur un banc d'essai expérimental de la commande non linéaire de la machine asynchrone. Nous exposerons deux types d'algorithmes de commandes robustes appliquées sur la machine asynchrone. Le premier est l'algorithme du twisting développé par [Lev93]. Le second est une nouvelle commande par mode glissant d'ordre deux inspirée d'un algorithme donné par [Lev02] [Lev07].

Dans le chapitre cinq, nous nous intéresserons plus particulièrement aux techniques de synthèses des observateurs non linéaires pour la machine asynchrone. Nous présenterons d'abord la conception d'un observateur de flux rotorique par mode glissant d'ordre deux utilisant l'algorithme du twisting avec mesure de vitesse. Ensuite nous établirons deux observateurs de vitesse, le premier basé sur la technique du système adaptatif avec modèle de référence (MRAS) et le second basé sur mode glissant d'ordre deux implanté avec la commande vectorielle. Cette technique sera appliquée de façon différente que celle donnée par [Flo07] et [Saa06]. Deux types d'observateurs de courant seront développés, le premier observateur par mode glissant d'ordre un et le second par l'algorithme de super twisting avec une démonstration théorique de la convergence de la surface de glissement vers zéro. Les deux observateurs seront utilisés enfin pour estimer le flux. L'observateur de vitesse sera déduit à partir d'une fonction de Lyapunov

Nous terminerons par une conclusion générale sur l'ensemble de cette étude.

Chapitre 1

Généralités sur les Théories de Commande par Modes Glissants et H infini

1.1 Introduction

Le problème de la commande robuste des machines électriques a été traité par de nombreux auteurs ces dernières années. Il consiste à trouver des conditions pour garantir l'obtention des performances souhaitées en présence des perturbations dans le système. Différentes méthodes de résolution de ce problème ont été proposées. De manière non exhaustive, on citera la commande par modes glissants pour les systèmes non-linéaires et la commande H_∞ infini pour les systèmes linéaires ou linéarisés.

La commande par modes glissant est naturellement une commande non linéaire à structure variable. Les premiers résultats obtenus avec ce type de commandes sont dus aux chercheurs Russes [Ano59] [Tzy55] [Eme63], [Eme67]. Des améliorations ont été obtenu dans les années 70 suite aux travaux de [Utk77]. La commande par mode glissant est basée sur la commutation autour d'une surface de

8

glissement dont le but est de contraindre le système à atteindre cette surface et ensuite d'y rester. Le comportement dynamique résultant, appelé régime glissant, est complètement déterminé par les paramètres et les équations de la surface.

Les motivations principales pour l'utilisation de cette commande sont ses propriétés de robustesse par rapport aux incertitudes paramétriques et les perturbations externes. Cependant, l'introduction de l'action discontinue agissant sur la première dérivée par rapport au temps de la surface de glissement génère un régime glissant non idéal. En fait, ce régime est caractérisé par des oscillations à hautes fréquences aux voisinage de la surface. Ce phénomène est connu sous le nom de "broutement" ou "réticence" ou "chattering en anglais" et constitue un des inconvénients majeurs de cette technique limitant son utilisation dans la pratique. Ce phénomène peut exciter des dynamiques non modélisées et conduire à l'instabilité du système commandé [Flo00].

Dans les années 80, Les chercheurs russes [Lev85] et [Eme86] ont généralisé le concept des modes glissants classiques à ce qui est appelé actuellement les modes glissants d'ordre supérieur. Ils ont proposé une nouvelle méthode permettant de réduire, voire supprimer le phénomène de réticence tout en conservant les propriétés principales du mode glissant d'ordre simple, tels que la convergence en temps fini et le rejet d'une certaine classe de perturbation. Cette nouvelle méthode est caractérisée par une commande discontinue agissant sur les dérivées d'ordre supérieur de la variable de glissement au lieu d'agir sur la première dérivée comme dans le cas du régime glissant du premier ordre.

La commande H_∞ a été introduite par Zames au début des années 80 [Zam81] Cette méthode est devenue, une des méthodes importantes de la commande robuste suite aux travaux de Doyle, Glover et Francis [Doy89], [Fra87]. La synthèse H_∞ est particulièrement intéressante à plus d'un titre puisqu'elle permet de prendre en compte, a priori et explicitement, des spécifications fréquentielles et temporelles du cahier des charges, simplifiant ainsi la détermination du correcteur. Elle est considérée comme un moyen permettant d'intégrer différents objectifs de performance et de robustesse dans la synthèse du correcteur. Le but étant alors de rechercher un correcteur qui maximise ces objectifs. En pratique, cela se traduit essentiellement par un modelage des matrices de transfert entre les perturbations et les sorties à contrôler. La solution s'effectuera dans le cadre du problème H_∞ standard en boucle fermée ou en boucle ouverte, comme la synthèse H_∞ par la méthode des facteurs premiers. Cette dernière approche, la plus simple et la plus fiable numériquement [Glo88] utilisant les algorithmes de Glover-Doyle, repose sur la résolution des équations de Riccati [Doy89].

Dans ce chapitre, il sera tous d'abord traité, la commande par mode de glissement classique et d'ordre supérieur, leurs concepts de base et leurs principes généraux et enfin leurs propriétés de robustesse, ensuite le principe général de la commande H_∞ et tout particulièrement l'approche de la factorisation première par loop-shaping.

1.2 Modes glissants d'ordre simple

1.2.1 Principe et concept de base

Le principe de la commande par modes glissants consiste à amener la trajectoire d'état d'un système vers une région convenablement sélectionnée en un temps fini pour y ensuite rester. La région considérée est alors désignée comme surface de glissement ou de commutation représentant une relation entre les variables d'état du système. Elle est définie par une équation différentielle déterminant totalement la dynamique du système. Une fois que le système évolue sur la surface de glissement, le comportement dynamique résultant est appelé régime glissant [Dra69] [Slo91] [Utk92]. Le comportement du système peut être décrit par deux phases :

Phase de convergence : Cette phase correspond à l'intervalle de temps tϵ [0; t$_c$] pendant lequel les trajectoires d'état du système ne sont pas sur la surface de glissement. Durant cette phase, le système reste sensible aux incertitudes.

Phase de glissement : Cette phase correspond à l'intervalle de temps t ϵ [t$_c$; ∞[durant lequel les trajectoires d'état sont confinées dans la surface de glissement. et le comportement du système ne dépend plus du système d'origine ni des perturbations, mais est entièrement déterminé par la surface de glissement.

1.2.2 Formulation des expressions générales de la commande par modes glissants

Considérant le système dynamique décrit par l'équation différentielle suivante:

$$\dot{x}(t) = f(x, t, u) \tag{1.01}$$

Où f une fonction continue (en x et t), $x = [x_1, x_2, ..., x_n]^T \in R^n$ représente le vecteur des variables d'état, t le temps et u $\in R^m$ le vecteur de commande qui peut éventuellement dépendre du temps.

On définit une fonction continue S tel que:

$$S = S(x) \tag{1.02}$$

Pour maintenir l'état représentant l'évolution du système sur la surface S, on définit le vecteur de commande u qui commute entre deux fonctions $u^+(x)$ et $u^-(x)$ continues, comme suit:

$$u = \begin{cases} u^+(x) & si \ S(x) > 0 \\ u^-(x) & si \ S(x) < 0 \end{cases} \tag{1.03}$$

La surface S sépare l'espace d'état en deux régions disjointes $S(x) > 0$ et $S(x) < 0$ et les commutations ont pour but de contraindre la trajectoire a suivre cette surface. Si $S(x) = 0$ le phénomène de glissement devient idéal [Slo91].

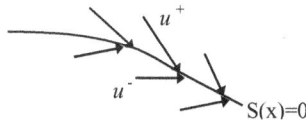

Fig.1.1 Convergence de la trajectoire vers la surface S

11

Les trajectoires du système sur la surface S ne sont pas clairement définies puisque le vecteur de commande *u* n'est pas défini pour *S*=0. Filippov a introduit une solution à ce problème en terme d'inclusion différentielle [Fil83], dont le concept est introduit dans l'annexe B.

1.2.3 Choix de la surface de glissement

La surface de glissement s'écrit généralement en fonction de l'écart de la sortie par rapport à sa valeur désirée. L'objectif de la commande est d'assurer la poursuite d'un signal de référence telle que l'écart e tend vers zéro.

Soit $S(x): \chi \times \mathcal{R}^+ \to \mathcal{R}$ une fonction suffisamment différentiable telle que:

$S = \{x \in \chi \mid S(x) = 0\}$

Une condition nécessaire pour l'établissement d'un régime glissant d'ordre un est que la surface de glissement S ait un degré relatif égal à 1 par rapport à la commande u [Utk92].

Le degré relatif d'un système est le nombre minimum de fois qu'il faut dériver la sortie, par rapport au temps, pour y voir l'entrée (la commande) de manière explicite.

La surface de glissement peut être décrite sous deux formes, soit:

$$S = \sum_{i=1}^{n} \eta_i e_i \tag{1.04}$$

tel que $\quad e_{i+1} = \dot{e}_i$

Il suffit que le vecteur $[\eta_1 \ldots \ldots \eta_{n-1}]$ engendre un polynôme de Huruitz pour que le mode glissant soit asymptotiquement stable (si S tend vers zéro alors l'erreur e et ses $(n-1)$ dérivées tendent vers zéro aussi).

Soit sous la forme de "Slotine":

$$S = (\frac{d}{dt} + \lambda)^{n-1} e , \quad \lambda > 0 \tag{1.05}$$

Chapitre 1   Généralités sur les Théories de Commande par Modes Glissants et H infini

Le polynôme caractéristique de cette surface doit avoir des pôles réels négatifs multiples. Cette surface est la plus pratique parce qu'elle a moins de paramètres de synthèse à régler.

1.2.4 Conditions d'existence du régime glissant

Un système est dit en régime glissant idéal sur S s'il existe un temps fini t_c à partir duquel S(x) =0. Autrement dit, dans le voisinage de la surface les conditions suivantes doivent être vérifiées [Utk92]:

$\lim_{s \to 0^+} \dot{S}(x) < 0$ et $\lim_{s \to 0^-} \dot{S}(x) > 0$.   Cela représente les conditions d'attractivité de S(x).

Ces deux résultats peuvent être écrits de façon simplifiée comme suit :

$$S \dot{S} < 0 \qquad\qquad\qquad (1.06)$$

C'est une condition nécessaire de stabilité qui n'est pas suffisante pour assurer une convergence en un temps fini vers la surface. Pour assurer une convergence de S(x) vers 0 en un temps fini, une condition plus forte doit être respectée.

1.2.5 Convergence en temps fini

Soit, pour un système monovariable, la fonction de Lyapunov suivante :

$$V = \frac{1}{2} S^2 \qquad\qquad\qquad (1.07)$$

La dérivée de V est donnée par :

$$\dot{V} = S\dot{S} < 0 \qquad\qquad\qquad (1.08)$$

Pour résoudre un tel problème, la dynamique de la surface de glissement est spécifiée par la loi:

$$\dot{S} = -\lambda sgn(S) \qquad\qquad\qquad (1.09)$$

Où λ est une constante strictement positive.

On aboutit à :

$$\dot{V} = S\dot{S} \leq -\lambda|S| \qquad\qquad\qquad (1.10)$$

Cette condition est dite condition d'attractivité.

L'intégration de (1.09) entre le temps initial t=0 et le temps de convergence t=t$_c$, permet d'aboutir:

$$S(t_c) - S(0) \leq -\lambda(t_c - 0)$$

La surface S sera atteinte durant un temps fini donné par :

$$t_c \leq \frac{S(t=0)}{\lambda} \tag{1.11}$$

Il apparait que c'est le caractère discontinu de la loi de commande qui permet d'obtenir une convergence en un temps fini sur la surface S et la trajectoire d'état en mode glissant évolue dans un espace de dimension inférieur réduisant l'ordre du système.

1.2.6 Conception de la commande par modes glissants

La conception de la commande par mode de glissement s'effectue généralement en deux étapes; premièrement par le choix de la surface de commutation *S(x)*, fixant la dynamique de glissement, et ensuite par la recherche d'une commande discontinue *u(x)* rendant cette surface attractive et assurant ainsi l'apparition du mode glissant [Slo91] [Utk92] [Flo00].

La commande par régime glissant *u* est composée de deux termes u$_{eq}$ et u$_{glis}$

$$u = u_{eq} + u_{glis} \tag{1.12}$$

u$_{eq}$: représente un terme continu (basse fréquence) appelé commande équivalente, correspondant au régime glissant idéal pour lequel non seulement le point de fonctionnement reste sur la surface mais aussi la dérivée de la fonction de surface reste nulle.

u$_{glis}$: Un terme de commutation constitué de la fonction « *sgn* » de la surface de glissement S, multipliée par une constante λ. Il impose au point de fonctionnement de rester au voisinage de la surface S.

On applique cette commande à une classe des systèmes non linéaires affines en la commande de la forme:

$$\dot{x} = f(t,x) + g(t,x)u \tag{1.13}$$

14

Où $x \in R^n$ est le vecteur des variables d'état, $f(t,x) = [f_1(t,x), f_2(t,x), \ldots, f_n(t,x)]$ le champ de vecteur généralement non linéaire et non exactement connue. $g(t,x)$ est une fonction de commande de dimension (n×m) non exactement connue.

L'existence du régime glissant nous conduit à établir pour tout $t \geq t_c$.

$$\dot{S} = \frac{\partial S}{\partial x}\left[f(t,x) + g(t,x)u_{eq}\right] + \frac{\partial S}{\partial t} = 0$$

Où u_{eq} est la commande équivalente donnée par :

$$u_{eq}(x) = -\frac{\partial S}{\partial x}g(t,x)\Big]^{-1}\left(\frac{\partial S}{\partial x}f(t,x) + \frac{\partial S}{\partial t}\right) \tag{1.14}$$

La commande équivalente est bien définie si et seulement si $\frac{\partial S}{\partial x}g(t,x) \neq 0$. C'est la condition de transversalité qui constitue une condition nécessaire pour l'existence d'un régime glissant. Elle signifie que le champ de vecteur $g(t,x)$ ne doit pas être tangent à la surface S. Plus souvent, la loi de commande par mode glissant à adopter est obtenue par l'ajout d'un terme u_{glis} discontinu, rapide en haute fréquence assurant la convergence vers la surface de glissement [Utk92].

$$u(x) = u_{eq}(x) - \lambda_n \left[\frac{\partial S}{\partial x}g(t,x)\right]^{-1} sng(S) \tag{1.15}$$

Où λ_n est une constante positive.

1.2.7 Propriété de robustesse

La robustesse de la commande par mode glissant a été bien étudiée par [Utk92][Per99][Flo00].

Soit le système (1.13), soumis à des incertitudes paramétriques et perturbations modélisées bornées par des fonctions connues et défini par les termes, $\Delta f(t,x)$ et $\Delta g(t,x)$, on a donc l'expression:

$$\dot{x} = \left(\hat{f}(t,x) + \Delta f(t,x)\right) + (\hat{g}(t,x) + \Delta g(t,x))u \tag{1.16}$$

tel que le vecteur de commande u soit borné comme suit $|u| \leq u_{max}$

$\hat{f}(t,x)$ et $\hat{g}(t,x)$ constituent les valeurs nominales de, $f(t,x)$ et $g(t,x)$.

Pour établir la commande, il faut que la condition de l'attractivité $S\dot{S} \leq 0$ soit garantie.

La dynamique de la surface est obtenue comme suit

$$\frac{dS}{dt} = \dot{S} = \hat{h}(t,x) + \Delta h(t,x) + \left(\hat{b}(t,x) + \Delta b(t,x)\right) u \qquad (1.17)$$

Avec

$\hat{h}(t,x) = \frac{\partial S}{\partial t} + \frac{\partial S}{\partial x}\hat{f}(t,x)$, $\Delta h(t,x) = \frac{\partial S}{\partial x}\Delta f(t,x)$, $\hat{b}(t,x) = \frac{\partial S}{\partial x}\hat{g}(t,x)$, $\Delta b(t,x) = \frac{\partial S}{\partial x}\Delta g(t,x)$

En remplaçant $\dot{S}$ dans (1.08), alors :

$$\dot{V} = S\dot{S} = S\left(\hat{h}(t,x) + \hat{b}(t,x)u + \Delta h(t,x) + \Delta b(t,x)u\right) < 0 \qquad (1.18)$$

On définit par conséquent la commande qui garantie premièrement, la convergence de la surface de glissement vers zéro et aussi la prise en compte des incertitudes par ce qui suit :

$$u = -\hat{b}^{-1}(t,x)[\hat{h}(t,x) + \lambda sng(S)] \qquad (1.19)$$

Soient $\xi > 0$ et $\rho > 0$ les bornes supérieurs respectivement de $\Delta h(t,x)$ et $\Delta b(t,x)$.

En remplaçant u dans (1.18) on aboutit aux conditions suivantes:

Si S > 0 alors : $-\lambda sgn(S) + \Delta h(t,x) + \Delta b(t,x)u_{max} < 0$

d'ou $\lambda > \xi + \rho(x)u_{max} \qquad (1.20)$

Si S < 0 alors : $-\lambda sgn(S) + \Delta h(t,x) - \Delta b(t,x)u_{max} > 0$

d'ou $\lambda > -\xi + \rho u_{max} \qquad (1.21)$

Les deux conditions (1.20) et (1.21) sont vérifiées si : $\lambda > \xi + \rho u_{max}$

1.2.8 Phénomène de broutement

Le régime glissant idéal requiert une commande pouvant commuter à une fréquence infinie. Cependant, pour une utilisation pratique, la fréquence de commutation des organes de commande a une limite finie. Le caractère discontinu de la commande engendre un comportement dynamique particulier au voisinage de la surface appelé phénomène de réticence ou broutement « en anglais : chattering ». Celui-ci se caractérise par de fortes oscillations des trajectoires du système autour de la surface de glissement Fig.1.2. Ainsi, les commutations trop rapides peuvent exciter les dynamiques hautes fréquences non modélisées des actionneurs et des capteurs lors de la synthèse de la loi de commande provoquant leurs usures rapide et induisant des pertes énergétiques non négligeables surtout au niveau des circuits de puissance électrique. Elles peuvent aussi dégrader les performances et même conduire à l'instabilité du système [Fri01], [Fri02], [Her91].

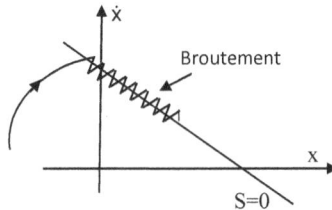

Fig.1.2 Phénomène de broutement

Le phénomène de broutement est le principal inconvénient des commandes par modes glissants. Plusieurs solutions ont été proposées afin de réduire ou éliminer ce problème [Utk99]. On peut citer la commande avec correction intégrale en régime permanent [Ses02] [Ses05], [Har86], ou l'utilisation d'un observateur pour estimer la commande équivalente [Bon85],....etc. Parmi les autres solutions utilisées, la fonction "sgn" est souvent remplacée par une fonction lisse "Fonction saturation". Cela consiste à effectuer une approximation continue des discontinuités présentées dans la loi de commande au voisinage de la surface de glissement et assurer une commutation progressive par la droite de pente $1/\varepsilon$ à l'intérieur d'une zone frontière de la surface appelée couche limite. Cette solution est connue aussi par le nom "boundary layer solution" [Slo91], Fig.1.3. L'expression de cette fonction est donnée par:

$$sat(S) = \begin{cases} sgn(S) & si \ |S| > \varepsilon \\ \dfrac{S}{\varepsilon} & si \ |S| \le \varepsilon \end{cases} \qquad (1.22)$$

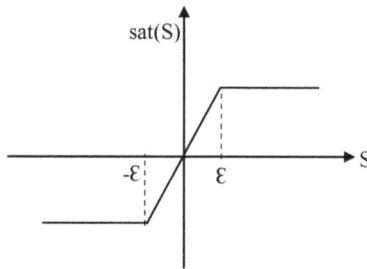

Fig.1.3 Fonction saturation

D'autres fonctions d'adoucissement peuvent être utilisées telles que les fonctions $(2/\pi)\arctan(S/\varepsilon)$, $S/(S+\varepsilon)$, $\tanh(S/\varepsilon)$.

Bien que ces solutions permettent d'atténuer le phénomène de réticence, la robustesse de la commande s'en trouve dégradée avec une dépréciation du temps de réponse.

Pour passer outre ces inconvénients, une autre solution basée sur la commande par modes glissants d'ordre supérieur est proposée et présentée ci-après.

1.3 Mode glissant d'ordre supérieur

1.3.1 Principe

Le principe de la commande par mode glissant d'ordre supérieur (r), consiste à contraindre le système à évoluer sur une variété S déterminée par l'annulation de (r-1) premières dérivées successive par rapport au temps de la surface de glissement soit $S^{(r-1)}$. On aura ainsi une précision d'ordre r sur la convergence du système. On peut classifier les régimes glissants d'ordre supérieur par le numéro de r dérivées successives de la surface de glissement. Ce numéro est appelé l'ordre de glissement. Le $r^{ème}$ ordre du système est donné par:

$$S = \dot{S} = \ddot{S} = \cdots = S^{(r-1)} = 0. \tag{1.23}$$

Où r désigne le degré relatif du système par rapport à la surface de glissement.

Pour un degré relatif $r = 1$, nous aurons :

18

$$\frac{\partial S}{\partial u} = 0, \quad \frac{\partial \dot{S}}{\partial u} \neq 0$$

et pour un degré relatif $r > 1$,

$$\frac{\partial S_i}{\partial u} = 0, \ i = (1, 2 \dots \dots \dots (r-1)), \ \frac{\partial S^{(r)}}{\partial u} \neq 0$$

Le principal inconvénient pour l'implantation des algorithmes de commande par mode glissant d'ordre supérieur est le nombre d'informations nécessaires croissant régulièrement avec l'ordre du régime glissant. Autrement dit, si on utilise un algorithme de glissement d'ordre r par rapport à S on aura besoin des informations en temps réel sur les dérivées $S, \dot{S} \dots et \ S^{r-1}$.

Dans la littérature spécialisée, le mode glissant d'ordre supérieur regroupe deux notions distinctes, le mode glissant d'ordre r idéal et réel [Eme86] [Sos09].

- Le mode glissant idéal d'ordre r est lié à la convergence en temps fini de la variable de glissement et de ses (r-1) dérivées vers zéro; sans retard ou erreur d'estimation de l'état. Cette notion exprime une solution théorique mais irréalisable pratiquement à cause des limitations physiques des organes de commutations.

- Le mode glissant réel d'ordre r correspond à la précision asymptotique obtenue quand on considère l'effet de retard ou erreur d'estimation de l'état. Cette notion permet d'exprimer la dépendance de l'algorithme à mode glissant par rapport aux imperfections physiques du système réel. Cet aspect est très important lorsqu'il s'agit de passer à une application réelle.

1.3.2. Avantages

Le choix d'une telle technique de commande est utilisée par ses multiples avantages dont les principaux sont résumés dans ce qui suit :

- La connaissance à priori du temps de convergence et le réglage de la commande est indépendant de ce temps.

- La génération de la trajectoire permettant la convergence en temps fini dès l'instant initial, ce qui donne à la loi de commande un comportement robuste durant toute la réponse du système.

- L'amélioration de la précision asymptotique et élimination ou réduction du phénomène de broutement.

- L'applicabilité de la commande quelque soit l'ordre des modes glissants, supérieur ou égal au degré relatif du système.

- La simplicité du réglage des paramètres de la commande.

Dans ce qui suit, on va décrire les algorithmes de commande par mode glissant d'ordre deux et ses variantes comme le Twisting et le Super Twisting.

1.3.3 Commande par mode glissant d'ordre deux

Le but principal de cette technique est de générer un régime glissant d'ordre deux sur une surface définit S et la convergence de $S = \frac{dS}{dt} = 0$ en un temps fini [Eme86][Lev93] [Bar98]. La figure suivante montre la trajectoire de convergence du système vers la surface S.

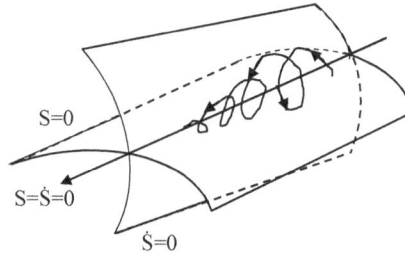

Fig.1.4 Trajectoire du glissement d'ordre deux

Pour définir les algorithmes de commande par mode glissant d'ordre deux, on considère le système décrit par l'équation différentielle suivante:

$$\dot{x} = f(t, x, u) \tag{1.24}$$

Afin de générer un régime glissant d'ordre deux sur une surface choisie S, il faut maintenir S ainsi que sa dérivée $\dot{S}$ à zéro dans un temps fini ($S = \dot{S} = 0$). La dérivée de S est donnée par:

$$\frac{d}{dt}S(t, x) = \frac{\partial}{\partial t}S(t, x) + \frac{\partial}{\partial x}S(t, x)\, \dot{x}$$

$$\dot{S} = \frac{\partial}{\partial t}S(t, x) + \frac{\partial}{\partial x}S(t, x)f(t, x, u)$$

Ensuite la dérivée seconde de S est donnée sous forme compacte comme suit:

$$\ddot{S} = \rho(t, x) + \chi(t, x)v \qquad (1.25)$$

Avec

$$\begin{cases} \rho(t, x) = \dfrac{\partial}{\partial t}\dot{S}(t, x, u) + \dfrac{\partial S}{\partial x}\dot{S}(t, x, u)f(t, x, u) \\ \chi(t, x) = \dfrac{\partial}{\partial u}\dot{S}(t, x, u) \end{cases} \qquad (1.26)$$

Le problème posé revient à la stabilisation en temps fini du système auxiliaire du second ordre modélisé par (1.25). où v représente l'entrée du système (u) si le degré relatif égale deux ou sa dérivée ($\dot{u}$) par rapport au temps si le degré relatif égale un.

Par exemple si le degré relatif est égale à 1, le système est décrit par le modèle (1.24) par l'expression :

$$\ddot{S} = \rho(t, x) + \chi(t, x)\dot{u} \qquad (1.27)$$

Dans ce cas les algorithmes discontinus sont appliqués à la dérivée par rapport au temps $\dot{u}$, qui devient la nouvelle commande du système considéré et u comme une variable d'état. De cette façon l'entrée u du système devient continue.

Il existe plusieurs techniques spécialisées d'algorithmes engendrant la convergence de S et $\dot{S}$ vers zéro. Les plus utilisés dans la littérature sont le Twisting et le super Twisting [Lev93] [Kha03] [Sam04].

1.3.4 Propriétés de convergence en temps fini

L'objectif du contrôle par mode glissant de second ordre est d'amener S ainsi que sa dérivée $\dot{S}$ à zéro dans un temps fini, en utilisant la commande u. Afin d'atteindre ce but, les hypothèses suivantes sont considérées [Per02] [Flo00][Sal04].

1- La commande u du système est une fonction bornée et discontinue, définie par l'ensemble $U = \{u\colon |u| \leq U_M\}$ où U_M est une constante réelle. et le système est supposé admettre des solutions au sens de Filippov sur la variété glissante d'ordre deux $S = \dot{S} = 0$ pour tout t.

2- Il existe $u_1 \in (0, 1)$ telle que pour toute fonction continue $u(t)$ avec $|u(t)| > u_1$, il existe un instant t_1 tel que $s(t)u(t) > 0$ pour tout $t > t_1$. Ainsi, la commande $u = -$ sgn $[S(t_0)]$, où t_0 est l'instant initial, assure de croiser la surface $S = 0$ au bout d'un temps fini.

Cette condition permet d'établir que, partant de n'importe quel point de l'espace d'état, il est possible de définir une commande amenant la fonction contrainte dans la région de linéarité

3- Il existe des constante positives s_0, u_0, K_m, K_M, telle que :

$$|S(t,x)| < s_0 \text{ alors } 0 < K_m \leq \frac{\partial \dot{S}(t,x)}{\partial u} \leq K_M, \ \forall u \in U \tag{1.28}$$

L'ensemble $\{t, x, u : |S(t,x)| < s_0\}$ est appelé région de linéarité.

4- A l'intérieur de la région de linéarité, il existe une constante C_0 positive telle que:

$$\left| \frac{\partial}{\partial t} \dot{S}(t,x,u) + \frac{\partial S}{\partial x} \dot{S}(t,x,u) f(t,x,u) \right| < C_0 \tag{1.29}$$

Les conditions 3 et 4 impliquent que la dérivée seconde de S est uniformément bornée dans certain domaine, pour l'entrée considérée.

Pour l'existence de la commande équivalente $u_{eq}(t,x)$ il faut que $\chi(t,x)$ soit non nulle. La fonction $u_{eq}(t,x)$ satisfaisant la relation $\ddot{S} = 0$ peut être considérée comme une loi de commande permettant d'atteindre, en temps fini, la surface $(S = \dot{S} = 0)$ dans le plan de phase $(S, \dot{S})$.

1.3.5 Algorithme de Twisting

La commutation en temps fini vers l'origine du plan de phase $(S, \dot{S})$ est obtenue grâce à la commutation de l'amplitude entre deux valeurs. La convergence de cet algorithme est assurée par une progression géométrique sous forme d'un mouvement en spirale autour de l'origine, représentée par la Fig.1.5. L'amplitude de ces mouvements est décroissante et la commutation a lieu chaque fois qu'on change le quadrant. La preuve de ce théorème est donnée dans l'Annexe C.

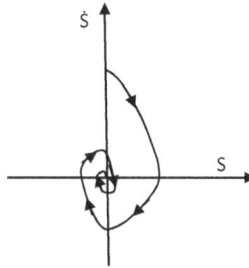

Fig.1.5 Convergence en temps fini de l'algorithme Twisting

La loi de commande est donnée par le théorème suivant:

Théorème.1 [Lev93]

Considérant le système (1.24) et la surface de glissement S, la loi de commande

$$u = \begin{cases} -\lambda_m sgn(S) & si \ S\dot{S} \leq 0 \\ -\lambda_M sgn(S) & si \ S\dot{S} > 0 \end{cases} \qquad (1.30)$$

est un algorithme de commande par mode glissant d'ordre deux par rapport à S où λ_m et λ_M vérifient:

$$\lambda_m > 4\frac{K_M}{s_0}, \quad \lambda_M > \frac{C_0}{K_m}, \quad K_m\lambda_M - C_0 > K_M\lambda_m + C_0 \qquad (1.31)$$

La borne supérieure du temps de convergence peut être précisée quelque soit le quadrant du plan de phase $(S, \dot{S})$. Elle est définie comme suit [Fri02]:

$$T_{tw\infty} \leq t_{M1}\Theta_{tw}\frac{1}{1-\theta_{tw}}\sqrt{|y_{1M1}|}$$

y_{1M1} représente la valeur de S au premier croisement d'abscisse dans le plan $(S, \dot{S})$, t_{M1} est le temps correspondant. Θ_{tw} et θ_{tw} sont donnés par les relations suivantes:

$$\Theta_{tw} = \sqrt{2}\frac{k_m\lambda_M + k_M\lambda_m}{(k_m\lambda_M + C_0)\sqrt{k_M\lambda_m - C_0}}, \quad \theta_{tw} = \frac{k_M\lambda_m - C_0}{k_m\lambda_M + C_0}$$

1.3.6 Algorithme de Super Twisting

Cet algorithme a été proposé par [Lev93] dans le cas d'un système de degré relatif un, puis modifié par [Kha03] pour les systèmes de degré relatif deux. L'algorithme de super-twisting est conçu afin de réaliser une commande continue par mode glissant d'ordre deux en utilisant uniquement les informations sur S et l'évaluation du signe de $\dot{S}$ n'étant pas nécessaire. La convergence de cet algorithme est décrite aussi par les rotations autour de l'origine du diagramme de phase $(S, \dot{S})$. La loi de commande Super twisting u(t) est formée de deux parties, la première est définie par sa dérivée par rapport au temps (u_1), tandis que la deuxième est donnée par la fonction de la variable de glissement (u_2).

La loi de commande est pour un système de degré relatif égale à un: $u = u_1 + u_2$ tel que

$$\dot{u}_1 = \begin{cases} -u & si \ |u| > 1 \\ -w \ sgn(S) & si \ |u| \leq 1 \end{cases} \qquad (1.32)$$

$$u_2 = \begin{cases} -\lambda |s_0|^{\delta} \ sgn(s) & si \ |S| > s_0 \\ -\lambda |S|^{\delta} sgn(s) & si \ |S| \leq s_0 \end{cases}, \quad 0 < \delta < 0.5 \qquad (1.33)$$

La condition suffisante pour engendrer la convergence en temps fini est:

$$w > \frac{C_0}{K_m}, \ \lambda^2 \geq \frac{4C_0}{K_m^2} \frac{K_M(w+C_0)}{K_m(w-C_0)}$$

1.3.7 Algorithmes du modes glissants d'ordre quelconque

Les techniques de commande par mode glissant d'ordre quelconque avec un temps de convergence fini est un problème encore à l'état de recherche. L'algorithme avec une convergence prédéfinie a été généralisé par Arie Levant [Lev98], [Lev99], [Lev01] pour générer des modes glissants d'ordre quelconque.

La loi de commande est donnée par:

$$u = -\alpha \ sgn\left[Q_{i-1,r}(S, \dot{S}, \ldots\ldots S^{(r-1)})\right] \qquad (1.34)$$

Avec $\alpha > 0$

$$Q_{0,r} = S$$

$$Q_{1,r} = \dot{S} + \beta_1 C_{1,r} sgn(S)$$

$$Q_{i,r} = S^i + \beta_i C_{i,r} sgn(Q_{i-1,r})$$

$$C_{1,r} = |S|^{(r-1)/r}$$

$$C_{i,r} = \left(|S|^{m/r} + |\dot{S}|^{m/(r-1)} + \cdots |S^{i-1}|^{m/(r-i+1)}\right)^{(r-i)/m}$$

$$C_{r-1,r} = \left(|S|^{m/r} + |\dot{S}|^{m/(r-1)} + \cdots |S^{r-2}|^{m/2} \right)^{1/m}, \quad 1 \leq i \leq r-1$$

où $\beta_1 \ldots \beta_i$ et m sont des constantes positives, $i = 1, 2, \ldots, (r-1)$.

Avec la bonne sélection des valeurs des paramètres positives $\beta_1 \ldots \beta_{r-1}$ et α l'algorithme proposé peut générer des modes glissants d'ordre quelconque avec un temps de convergence fini vers S =0.

Les lois de commande par mode de glissement d'ordre un, deux ont respectivement les expressions suivantes :

$$u = -\alpha \, sgn(S)$$

$$u = -\alpha \, sgn(\dot{S} + |S|^{\frac{1}{2}} sgn(S))$$

L'idée de cette loi de commandes proposées par Arie Levant repose sur l'utilisation de différentes surfaces de glissement, chacune faisant converger le système en un temps fini vers la prochaine surface. Par contre, une fois atteinte la surface suivante, le système peut quitter la surface d'origine. L'état du système transite donc d'une surface à l'autre alternativement jusqu'à atteindre l'origine, en un temps fini. (Fig.1.6).

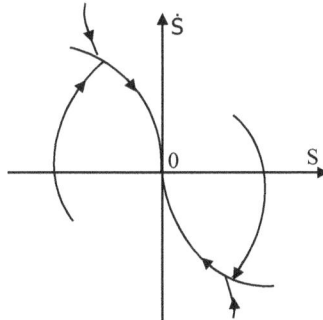

Fig.1.6 Trajectoire de l'algorithme de convergence

1.4 Commande par l'approche H$_\infty$

1.4.1 Principe de la synthèse H$_\infty$

Pour effectuer la synthèse de la commande H$_\infty$, il est opportun d'introduire une représentation connue sous la dénomination « Problème standard ». Cette structure,

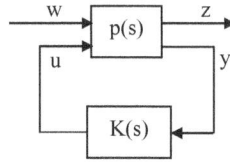

Fig.1.7 Représentation sous forme standard d'un système

Fig.1.7, apporte une certaine clarté de formulation puisqu'elle contient à la fois le système à commander et le correcteur associé.

On désigne par u les entrées de commande, y les sorties mesurées, w les entrées exogènes (consigne, perturbation,...) et z les sorties à contrôler. Le bloc P(s) représente le modèle nominal pondéré et K(s) le correcteur recherché. Soit la fonction de transfert en boucle fermée, couramment notée $F_l(P,K)$ et dite la transformation fractionnaire linéaire du transfert entre l'entrée w et la sortie z

Le problème H_∞ consiste à concevoir une commande assurant la stabilité interne du système bouclé $F_l(P,K)$ ainsi que l'atténuation de l'influence des perturbations sur la sortie z du système à commander [Fra87] [Doy89].

La synthèse d'une loi de commande consiste alors à déterminer la plus faible valeur notée γ pour laquelle il existe un correcteur K(s) stabilisant le système de manière interne minimisant la norme H_∞ du transfert $F_l(P, K)$ tel que $\|F_l(P, K)\|_\infty \leq \gamma$.

1.4.2 Stabilité et robustesse d'un système asservis

Soit le schéma classique d'un système G(s) bouclé par un correcteur K(s) représentée par la Fig.1.8

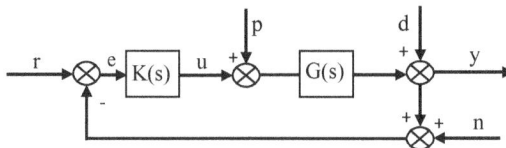

Fig.1.8 Schéma représentatif d'une boucle de suivi

Dans cette boucle, on considère les signaux d'entrée comme la référence r(t), les diverses perturbations en entrée et en sortie p(t), d(t) et n(t) le bruit de mesure. Les signaux de sortie sont l'erreur de suivi de référence e(t), la commande u(t) délivrée par le correcteur K(s) et la sortie de système y(t).

La matrice de transfert entre les perturbations d et p d'une part et la sortie y et la commande u d'autre part peuvent être facilement obtenus sous la forme matricielle suivante [Hel95][Gah94]:

$$\begin{bmatrix} y(s) \\ u(s) \end{bmatrix} = \begin{bmatrix} (I - G(s)K(s))^{-1} & (I - G(s)K(s))^{-1}G(s) \\ K(s)(I - G(s)K(s))^{-1} & (I - G(s)K(s))^{-1}G(s)K(s) \end{bmatrix} \begin{bmatrix} d(s) \\ p(s) \end{bmatrix} = \begin{bmatrix} S & GS \\ KS & T \end{bmatrix} \begin{bmatrix} d(s) \\ p(s) \end{bmatrix} (1.35)$$

L'équation (1.35) met en valeur deux fonctions de transfert, la fonction de sensibilité S(s) et la fonction de sensibilité complémentaire T(s) tel que S(s)+T(s)=I. Elles sont définies par:

$$S(s) = (I + G(s)K(s))^{-1}, \ T(s) = (I + G(s)K(s))^{-1}G(s)K(s) \qquad (1.36)$$

Un système asservi est robuste s'il est stable de manière interne et externe, tout en assurant des bonnes performances, en présence des différents types d'incertitudes. La stabilité externe exige que toute entrée bornée *r* devra produire une sortie bornée *y*. En termes de fonction de transfert, la stabilité externe se traduit par la stabilité de la fonction de transfert en boucle fermée *T*, tandis que la stabilité interne requiert la stabilité des quatre fonctions de transfert *S, KS, GS* et *T*. La stabilité de la boucle fermée peut être analysée par le théorème du petit gain.

1.4.3 Théorème de petit gain

Ce théorème est un outil d'analyse de la robustesse et de la stabilité en présence d'incertitudes dans le modèle en boucle fermée à partir de la norme H_∞. Si on insère une perturbation inconnue $\Delta(s)$ dans la boucle fermée, nous obtenons le schéma équivalent suivant [Duc93]:

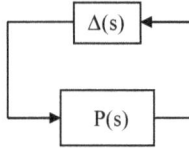

Fig.1.9 Schéma d'analyse de la robustesse et de la stabilité

➢ *Théorème*

Si P(s) et Δ(s) appartiennent à l'ensemble des fonctions réelles, rationnelles, propres et stables RH_∞, le système de la Fig.1.9 est stable pour tout Δ(s) telle que $\|\Delta(s)\|_\infty < \varepsilon$ si et seulement si $\|P(s)\|_\infty \leq \varepsilon^{-1}$. ε désigne le niveau des incertitudes admissibles.

La synthèse H_∞ permet de prendre en compte, a priori et explicitement, des spécifications fréquentielles et temporelles d'un cahier de charges. Il est à noter que les spécifications temporelles classiques (temps de montée, rejet des perturbations, atténuation du bruit,…) peuvent être facilement interprétées dans le domaine fréquentiel. Quatre classes de spécifications peuvent être prisent en compte [Duc00]:

➢ Suivi de trajectoires de référence : il s'agit d'étudier l'influence du signal de référence sur le signal d'erreur, cela revient à minimiser la norme H_∞ de la fonction de sensibilité S.

➢ Rejet/atténuation de perturbation : il s'agit d'étudier l'influence du signal de perturbation sur le signal d'erreur, cela revient à minimiser la norme H_∞ de la fonction GS

➢ Atténuation des bruits de mesure : il s'agit d'étudier l'influence des signaux de bruit sur le signal de sortie, cela revient à minimiser la norme H_∞ de la fonction de sensibilité complémentaire T

➢ Limitation de l'énergie de commande: Pour éviter la fatigue des actionneurs, il s'agit d'étudier l'influence des signaux de référence et du signal de perturbation sur le signal de commande, cela revient à minimiser la norme H_∞ de la fonction KS.

1.4.4 Méthode de synthèse de la commande H_∞ par facteur premier

1.4.4.1 Représentation du modèle par facteur premier

La fonction de transfert du système nominal G(s) est décrite par la factorisation première à gauche ou à droite comme suit: [Doy92][Duc01][Arm93] [Hel95]

$$G(s) = M^{-1}(s).N(s) \tag{1.37}$$

$$G(s) = \tilde{N}(s).\tilde{M}^{-1}(s) \tag{1.38}$$

Avec M, N, $\tilde{N}(s)$ et $\tilde{M}(s) \in RH_\infty$ et M(s), $\tilde{M}(s)$ inversibles.

La factorisation première à gauche (ou à droite) est normalisée si de plus:

$$M(s).M^*(s) + N(s).N^*(s) = I. \tag{1.39}$$

avec : $M^*(s) = M^T(-s)$ et $N^*(s) = N^T(-s)$

Pour une représentation minimale du modèle nominal G(s) = (A,B,C,D) il est possible de déterminer analytiquement les différente matrices de la factorisation première normalisée.

Le calcul pratique des facteurs premiers normalisés à gauche requiert la résolution de l'équation de Riccati suivante:

$$(A - BE^{-1}D^T C)^T X + X(A - B.E^{-1}D^T C) - XB.E^{-1}B^T X + C^T R^{-1}C = 0 \tag{1.40}$$

Alors que le calcul des facteurs premiers normalisé à droite requiert la résolution de:

$$(A - B.E^{-1}D^T C)Y + Y(A - B.E^{-1}D^T C)^T - YC^T R^{-1}CY + B.E^{-1}B^T = 0 \tag{1.41}$$

Avec:

$$\begin{cases} H = -(B.D^T + Y.C^T)R^{-1} \\ F = -E^{-1}(D^T C + B^T X) \\ R = I + D.D^T \\ E = I + D^T D \end{cases}$$

On en déduit alors la représentation d'état des matrices M, N, $\tilde{N}(s)$ et $\tilde{M}(s)$

$$N = \begin{bmatrix} A+HC & B+HD \\ R^{-1/2}C & R^{-1/2}D \end{bmatrix}, \ M = \begin{bmatrix} A+HC & H \\ R^{-1/2}C & R^{-1/2} \end{bmatrix}$$

$$\tilde{N} = \begin{bmatrix} A+BF & BE^{-1/2} \\ C+DF & DE^{-1/2} \end{bmatrix}, \ \tilde{M} = \begin{bmatrix} A+BF & BE^{-1/2} \\ F & E^{-1/2} \end{bmatrix}$$

Lorsque le modèle nominal est affecté par des incertitudes, le système perturbé $G_\Delta(s)$ sera décrit comme suit [Arm93] [Duc01]:

$$G_\Delta(s) = M_\Delta^{-1}(s)N_\Delta(s) = (M(s)+\Delta_M(s))^{-1}.(N(s)+\Delta_N(s)) \qquad (1.42)$$

Avec, $\Delta_M(s)$, $\Delta_N(s) \in RH_\infty$ des fonctions inconnues supposées stables et propres, représentant les incertitudes affectant le modèle nominal, Fig.1.10.

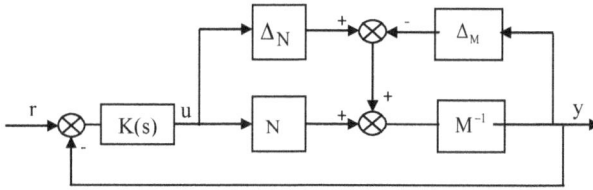

Fig.1.10 Perturbation sur les facteurs premiers à droite du système.

Une famille de modèles perturbés construite autour du modèle nominal peut être définie comme suit [Arm93] [Duc01] :

$$\zeta = \left\{ G_\Delta(s) = (M(s)+\Delta_M(s))^{-1}(N(s)+\Delta_N(s)) \ / \ \left\| [\Delta_M(s) \quad \Delta_N(s)] \right\|_\infty < \varepsilon = \gamma^{-1} \right\} \ (1.43)$$

où ε est une borne d'incertitude, appelée marge de stabilité.

1.4.5 Problème de stabilisation

Considérant le système donné par (1.43). On cherche le correcteur $K(s)$ stabilisant, qui maximise la robustesse faces aux perturbations au modèle Δ_N, Δ_M. Le problème peut être ramené à un problème H_∞ standard, dans lequel on cherche à maximiser la marge de stabilité ε_{max} suivante [Glo89] :

$$\varepsilon_{max}^{-1} = \gamma_{min} = \inf_{K(s)} \left\| F(P,K) \right\|_\infty = \left\| \begin{bmatrix} I \\ K(s) \end{bmatrix} (I - G_\Delta(s)K(s))^{-1} M^{-1} \right\|_\infty \qquad (1.44)$$

γ désigne le niveau des incertitudes admissibles.

Il est bien évidemment possible d'appliquer la procédure H_∞ standard (γ itérations) pour calculer ε_{max} et un correcteur sous optimal est associé. Cependant, dans le cas particulier de perturbations sur les facteurs premiers normalisés du modèle, le problème peut être résolu de façon directe de sorte que ε_{max} soit directement obtenu comme suit :

$$\gamma_{min} = \varepsilon_{max}^{-1} = (1 + \lambda_{sup}(X.Y))^{1/2} \tag{1.45}$$

Où $\lambda_{sup}(X.Y)$ représente la valeur propre maximale du produit matriciel de X et Y, sachant que X et Y sont les seules solutions définies positives obtenues par la résolution des équations de Riccati [Glo89]. La procédure de stabilisation de Glover et Mc Farlane est de ce fait plus simple à mètre en œuvre, elle ne requiert pas γ itérations.

Notons qu'il est possible de transformer l'équation (1.44) de façon à faire apparaitre un problème H_∞ à quatre blocs comme suit:

$$\left\| \begin{bmatrix} I \\ K \end{bmatrix} (I - G_\Delta K)^{-1} M^{-1} \right\|_\infty = \left\| \begin{bmatrix} I \\ K \end{bmatrix} (I - G_\Delta K)^{-1} \begin{bmatrix} I & G_\Delta \end{bmatrix} \right\|_\infty = \left\| \begin{bmatrix} S & SG_\Delta \\ KS & KSG_\Delta \end{bmatrix} \right\|_\infty \tag{1.46}$$

1.4.6 Mise en œuvre de la synthèse H_∞ par loopshaping

La synthèse par factorisation première garantit la stabilité du système mais non la performance. C'est pour cette raison que Mc.Farlane et Glover, dans [Far92], ont introduit l'idée du loopshaping ou « modelage ».

La mise en œuvre par loop-shaping s'effectue par le réglage des performances du système par modelage de la fonction de transfert en boucle ouverte par des filtres de pré et de post compensation avant le calcul du correcteur H_∞. Cela permet de spécifier a priori des objectifs de performance nominale et de stabilité robuste et de les transformer en des conditions sur la réponse fréquentielle de la fonction de transfert en boucle ouverte du système [Duc00], [Hel95], [Gre95].

1.4.7 Choix des fonctions de pondération

La difficulté dans cette approches, réside dans le choix de ces fonctions de pondérations, qui est très important pour la conception de la commande.

Le choix des fonctions de pondérations pré et post compensateur W_1 et W_2 se fait à partir des contraintes imposés par le cahier de charge. Très souvent, on spécifie les gabarits des quatre blocs S, $G_\Delta K$, KS et $G_\Delta S$ donnés par (1.46).

Il est important de noter que les transferts en boucle fermée donnés par (1.46) ne sont pas indépendants entre eux et que pour un transfert donné, le correcteur ne pourra pas agir sur tout le domaine fréquentiel de ce transfert. Considérons par exemple les transferts S et T, tel que S+T=I, donc une fois que S est fixé, T l'est aussi et vis versa. De plus il existe un lien profond entre le comportement de la boucle ouverte et celui de la boucle fermée. Généralement la boucle ouverte doit satisfaire les contraintes suivantes [Duc00]:

La fonction de transfert de la boucle ouverte présente un gain suffisamment élevé en basses fréquences, $|KG_\Delta| >> 1$, pour minimiser l'erreur statique et assurer un bon suivi de référence en obtenant alors de bonnes performances.

Le bon rejet de bruit de mesure et des perturbations dues aux dynamiques négligées demande de la matrice de transfert en boucle ouverte un gain faible en hautes fréquences, $|G_\Delta K| << 1$, pour assurer la robustesse du système.

Finalement ce type de contrainte conduit à l'analyse donnée par le tableau suivant:

Fonctions	Basse fréquence	Haute fréquence
$G_\Delta K$	>>1	<<1
S	$1/G_\Delta K$	1
$G_\Delta S$	$1/K$	G_Δ
KS	$1/G_\Delta$	K
T	1	$G_\Delta K$

Tableau.1 Gabarit fréquentiel des différents transferts en boucle fermée

On remarque bien que le correcteur n'a aucune influence sur KS et T en basses fréquences et sur S et GS en hautes fréquences. Il sera donc impossible d'agir sur ces transferts à l'aide du correcteur dans tout le domaine fréquentiel et quelle que soit la méthode utilisée.

Si les filtres de pré et post-compensation sont respectivement W_1 et W_2, le modèle pondéré G_Δ peut être défini sous la forme suivante:

$$G_\Delta(s) = W_1(s)G(s)W_2(s) \qquad (1.47)$$

La structure du modèle pondéré et de son contrôleur est celle de la Fig.1.11.

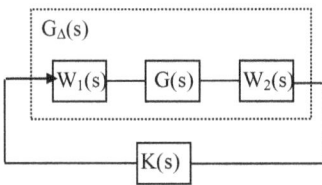

Fig.1.11 Structure du système pondéré   **Fig.1.12** Correcteur H_∞ final

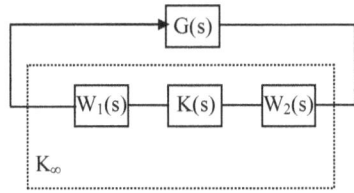

La synthèse du correcteur K(s), montré par la Fig.1.11, est déduit par la minimisation de la norme H_∞ de la matrice de transfert donnée par (1.44), Le Régulateur K(s) sera donc capable de stabiliser le modèle élargi donnée par (1.47).

Le contrôleur $K_\infty(s)$, pour asservir le modèle G, est donc obtenu avec la combinaison des fonctions de pondération W_1 et W_2 tel que :

$K_\infty(s) = W_1(s).K(s).W_2(s)$, Fig.1.12.

1.5 Conclusion

Dans ce chapitre, nous avons présenté les méthodes de synthèse des commandes par modes glissants d'ordre un et deux et la commande par H_∞. L'intérêt majeur de ces approches se situe dans la simplicité de mise en œuvre.

Au début de ce chapitre nous nous sommes intéressés à la commande par modes glissants d'ordre simple. Notre démarche a été d'en rappeler les fondements théoriques, nous nous sommes attachés à exposer les notions essentielles telles que l'attractivité des surfaces de glissement, les conditions d'existence, les propriétés de robustesse, la commande équivalente et la dynamique en régime glissant. L'inconvénient majeur de cette méthode est l'apparition du phénomène de réticence qui se manifeste dans les grandeurs asservies. Les fonctions d'adoucissement permettent sa réduction, cependant elles font apparaître un compromis entre la robustesse de la commande et les performances du système.

Afin de passer outre ce phénomène, la solution adaptée est basée sur la commande par mode glissant d'ordre deux. Cette commande semble être un outil efficace pour contrôler des systèmes soumis à des incertitudes tout en obtenant une meilleure précision de convergence par rapport au mode glissant d'ordre un. Des exemples d'algorithmes générant des modes glissants d'ordre deux ont été présentés, en donnant pour chacun d'entre eux les conditions suffisantes de convergence.

Dans la dernière partie de ce chapitre, la procédure de la commande H_∞ est exposée en utilisant l'approche de la factorisation première normalisée. Cette procédure permet à partir de la représentation d'état du système standard et de la résolution des deux équations de Riccati, de définir. un ensemble de correcteurs H_∞ stabilisants de manière robuste le système corrigé en boucle fermé. Cette synthèse a pour objectif de maximiser la robustesse vis-à-vis des dynamiques négligées dans les facteurs premiers du système en boucle ouverte.

La mise en œuvre, sur banc d'essai expérimental, des lois de commandes retenues sera détaillée dans le chapitre suivant.

Chapitre 2

Approches de Commandes Robustes de la
Machine Asynchrone Linéarisée

2.1 Introduction

Parmi les stratégies de commande permettant des performances dynamiques
élevées, on distingue la linéarisation entrée-sortie [Isi81], [Isi89]. Cette théorie a
été introduite dans [Fre71] [Bas92], [Par92], [Tar97] et [Won70] pour différentes
applications. Elle est d'une grande importance théorique et pratique dans la mesure
où elle cherche à décomposer un système multivariable en plusieurs sous-systèmes
monovariables linéaires découplées par retour d'état. Des efforts théoriques ont été
développés en automatique pour améliorer son comportement en se basant sur la
géométrie différentielle. Plusieurs travaux ont démontré par une implantation
expérimentale, la faisabilité de cette approche appliquée sur une machine
asynchrone alimentée en tension pour découpler le flux et le couple [Mat99]
[Jun99] [Ho99]. L'idée de base consiste à compenser les non-linéarités présentées
dans le système sans se soucier des performances souhaitées du contrôleur. Cette
compensation est implémentée comme boucle interne. Une deuxième boucle

35

externe voit donc un système linéaire et elle est conçue en vue d'atteindre les performances désirées en utilisant la théorie classique de l'automatique linéaire.

Dans ce chapitre, nous proposons une approche de linéarisation entrée-sortie basée sur la technique des modes glissants.. Cette linéarisation permet de réaliser un découplage entre les deux grandeurs de sorties à contrôler, la vitesse et le module au carré du flux rotorique de la machine asynchrone. Avant de l'aborder, le modèle de Park de la machine asynchrone sera tous d'abord présenté afin de favoriser l'utilisation du calcul opérationnel pour la conception de la commande. Ensuite, la commande vectorielle par orientation de flux rotorique dans un objectif de comparaison avec la commande par linéarisation entrée sortie.

2.2 Modélisation de la machine asynchrone

La conception des différents modèles mathématiques de la machine asynchrone permet l'analyse de l'évolution de ses grandeurs électromécaniques et aussi l'élaboration des algorithmes de commande et d'observation. Afin de simplifier la synthèse des régulateurs les hypothèses simplificatrices suivantes sont prises en compte.

- Construction mécanique parfaitement équilibrée.

- Distribution sinusoïdales de flux.

- Pas de saturation du circuit magnétique

- Entrefer lisse et d'épaisseur uniforme.

- Pertes fer négligeables.

Les équations électriques et magnétiques dans le repère triphasé (a,b;c) sous forme matricielle sont données par [Cha87] [Car95]:

$$[u_s]_{abc} = [R_s][i_s]_{abc} + \frac{d}{dt}[\phi_s]_{abc}$$

$$[u_r]_{abc} = 0 = [R_r][i_r]_{abc} + \frac{d}{dt}[\phi_r]_{abc}$$

$$(2.01)$$

Linéarisée

$$[\phi_s]_{abc} = [L_{cs}\,][i_s\,]_{abc} + [M_{sr}\,][i_r\,]_{abc}$$
$$[\phi_r]_{abc} = [L_{cr}\,][i_r\,]_{abc} + [M_{rs}\,]^T [i_s\,]_{abc} \tag{2.02}$$

Avec
$$L_{cs(r)} = \begin{bmatrix} l_{s(r)} & M_{s(r)} & M_{s(r)} \\ M_{s(r)} & l_{s(r)} & M_{s(r)} \\ M_{s(r)} & M_{s(r)} & l_{s(r)} \end{bmatrix}, \; [R_{s(r)}] = \begin{bmatrix} R_{s(r)} & 0 & 0 \\ 0 & R_{s(r)} & 0 \\ 0 & 0 & R_{s(r)} \end{bmatrix}$$

$$[M_{sr}] = [M_{rs}]^T = M_0 \begin{bmatrix} Cos\theta & Cos(\theta + 2\pi/3) & Cos(\theta - 2\pi/3) \\ Cos(\theta - 2\pi/3) & Cos\theta & Cos(\theta + 2\pi/3) \\ Cos(\theta + 2\pi/3) & Cos(\theta - 2\pi/3) & Cos\theta \end{bmatrix}$$

En désignant par :

$[u_s]_{abc} = [u_{sa}\ u_{sb}\ u_{sc}]^T$ et $[u_r]_{abc} = [u_{ra}\ u_{rb}\ u_{rc}]^T$: Vecteur des tensions statoriques et rotoriques.

$[i_s]_{abc} = [i_{sa}\ i_{sb}\ i_{sc}]^T$ et $[i_r]_{abc} = [i_{ra}\ i_{rb}\ i_{rc}]^T$: Vecteurs des courants statoriques et rotoriques.

$[\phi_s]_{abc} = [\phi_{sa},\ \phi_{sb},\ \phi_{sc}]^T$ et $[\phi_r]_{abc} = [\phi_{ra},\ \phi_{rb},\ \phi_{rc}]^T$: Vecteurs des flux statoriques et rotoriques.

$[L_{cs}]$, $[L_{cr}]$, et $[M_{rs}]$ Matrices d'inductance statorique, rotorique et mutuelle.

$l_{s(r)}$: Inductance propre d'une phase du stator (rotor).

$M_{s(r)}$: Inductance mutuelle entre deux phases statoriques (rotoriques).

$R_{s(r)}$: Résistance d'une phase statorique (rotorique).

θ l'angle électrique entre les axes de la phase du rotor et du stator (position du rotor).

Pour avoir un modèle complet du moteur asynchrone, il est nécessaire d'avoir le modèle décrivant le mouvement de l'arbre de la machine. L'expression décrivant la dynamique de la partie mobile du moteur est exprimée par la relation suivante :

$$J\frac{d\omega}{dt} = C_e - C_r - F.\omega$$
$$C_e = \frac{pM}{L_r}(\phi_{r(abc)} \times i_{s(abc)}) \tag{2.03}$$

Où ω représente la vitesse mécanique, J l'inertie totale du moteur, F le coefficient du frottement visqueux; C_e le couple électromagnétique produit par la machine et C_r le couple de charge.

Les équations (2.02) obtenues sont à coefficients variables traduisant la non linéarité du modèle du moteur défini par (2.01). Pour faciliter leurs résolutions, on utilise la transformation de Park permettant de les rendre indépendantes de la position du rotor θ.

2.2.1 Modèle de Park du moteur asynchrone

Pour étudier les comportements statiques et dynamiques d'un moteur asynchrone le modèle basé sur la théorie de Park est très adapté. Il présente un bon compromis entre précision et simplicité mathématique pour les applications de contrôle-commande et peut servir à l'analyse fiable des grandeurs de la machine aussi bien en régime permanent que transitoire [Cha87].

La transformation de Park permet de faire correspondre au système réel triphasé d'axes (a,b,c) un système biphasé équivalent, du point de vue électrique et magnétique, disposé selon deux axes (d,q) lié au champs tournant ou (α,β) lié au stator représentés par la Fig.2.1.

Cette transformation triphasée-biphasée se résume à:

$$\begin{bmatrix} x_\alpha \\ x_\beta \\ x_0 \end{bmatrix} = T_{32} \begin{bmatrix} x_a \\ x_b \\ x_c \end{bmatrix} \tag{2.04}$$

Où la matrice de transformation: $T_{32} = \sqrt{\dfrac{2}{3}} \begin{bmatrix} 1 & -\dfrac{1}{2} & -\dfrac{1}{2} \\ 0 & \dfrac{\sqrt{3}}{2} & -\dfrac{\sqrt{3}}{2} \\ \dfrac{1}{\sqrt{2}} & \dfrac{1}{\sqrt{2}} & \dfrac{1}{\sqrt{2}} \end{bmatrix}$

$[x_a \; x_b \; x_c]^T$ représente les grandeurs de chaque phase de la machine. La matrice de transformation inverse est donnée par $T_{32}^{-1} = T_{32}^{T}$ à cause de l'orthonormalité de T_{32}.

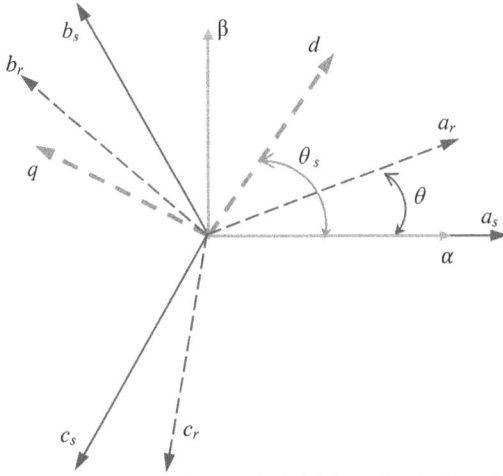

Fig.2.1 Référentiels: triphasés (a,b,c), biphasé fixe (α,β) et biphasé (d,q) tournant

Avec

(a$_s$, b$_s$, c$_s$) les axes du repère lié au stator.

(a$_r$, b$_r$, c$_r$) les axes du repère lié au rotor.

θ_s l'angle instantané entre la phase de l'axe a_s et le champs tournant.

Comme l'alimentation est triphasée équilibrée alors le courant et le flux s'annulent sur l'axe homopolaire 0 . Dans la suite, nous ne tenons plus compte de cet axe.

Afin d'exprimer toutes les grandeurs dans un même repère, les grandeurs statoriques et rotoriques sont projetées dans un repère tournant (d,q) décalé de θ_s par rapport au repère fixe (α,β). Cette transformation se fait à partir de la matrice de rotation $T_{dq}(\rho)$.

$$\begin{bmatrix} x_d \\ x_q \end{bmatrix} = T_{dq}(\rho)\begin{bmatrix} x_\alpha \\ x_\beta \end{bmatrix}, \; T_{dq}(\rho) = \begin{bmatrix} \cos(\rho) & \sin(\rho) \\ -\sin(\rho) & \cos(\rho) \end{bmatrix} \tag{2.05}$$

Où l'angle de rotation ρ est donné par ρ =θ$_s$ pour les grandeurs statoriques et ρ=θ$_s$-θ pour les grandeurs rotoriques.

Le modèle de la machine asynchrone, après la transformation de Park dans le référentiel (d,q) lié au champ tournant, s'écrit:

$$\begin{cases} u_{sd} = R_s i_{sd} + \dfrac{d\phi_{sd}}{dt} - \omega_s \phi_{sq} \\ u_{sq} = R_s i_{sq} + \dfrac{d\phi_{sq}}{dt} - \omega_s \phi_{sd} \end{cases}, \begin{cases} u_{rd} = 0 = R_r i_{rd} + \dfrac{d\phi_{rd}}{dt} - (\omega_s - \omega)\phi_{rq} \\ u_{rq} = 0 = R_r i_{rq} + \dfrac{d\phi_{rq}}{dt} + (\omega_s - \omega)\phi_{rd} \end{cases} \quad (2.06)$$

$$\begin{cases} \phi_{sd} = L_s i_{sd} + M i_{rd} \\ \phi_{sq} = L_s i_{sq} + M i_{rq} \end{cases}, \begin{cases} \phi_{rd} = L_r i_{rd} + M i_{sd} \\ \phi_{rq} = L_r i_q + M i_{sq} \end{cases} \quad (2.07)$$

Avec

$$L_s = l_s - M_s, \ L_r = l_r - M_r, \ M = \frac{3}{2} M_0$$

L_s, L_r et M apparaissent comme des inductances cycliques propres au stator, rotor et mutuelle.

$\omega_s = \dfrac{d\theta_s}{dt}$ la pulsation statorique des grandeurs électriques.

L'expression du couple électromagnétique dans le repère tournant (d,q) devient:

$$C_e = \frac{pM}{L_r} (\phi_{rd} i_{sq} - \phi_{rq} i_{sd})$$

2.2.2 Modèle sous forme d'état

La mise en œuvre de la commande et de l'observation nécessite un choix judicieux des vecteurs d'état et de sortie. En effet, le choix du vecteur d'état est lié au pilotage et à l'observation de la machine asynchrone. Le choix du vecteur des sorties est lié directement aux objectifs de commande.

Le modèle du moteur asynchrone sous forme d'une représentation d'état, dans le repère tournant (d,q), pour un vecteur d'état $x = [i_{sd} \ i_{sq} \ \phi_{rd} \ \phi_{rq} \ \omega]^{\mathrm{T}}$ et de tension de commande $u_s = [u_{sd} \ u_{sq}]^{\mathrm{T}}$, est exprimé par:

$$\begin{aligned} \dot{x} &= f(x) + g(x)u_s \\ y(x) &= h(x) \end{aligned} \quad (2.08)$$

$$f(x) = \begin{bmatrix} -\delta\, i_{sd} + \omega_s i_{sq} + \alpha\beta.\phi_{rd} + p\beta.\omega.\phi_{rq} \\ -\omega_s i_{sd} - \delta.i_{sq} - p\beta.\omega.\phi_{rd} + \alpha\beta.\phi_{rq} \\ \alpha M.i_{sd} - \alpha.\phi_{rd} - (\omega_s - p\omega).\phi_{rq} \\ \alpha M.i_{sq} - (\omega_s - p\omega).\phi_{rd} - \alpha.\phi_{rq} \\ \mu(\phi_{rd}i_{sq} - \phi_{rq}i_{sd}) - \dfrac{C_r}{J} - \dfrac{F}{J}\omega \end{bmatrix}, \quad g(x) = \begin{bmatrix} \dfrac{1}{\sigma L_s} & 0 & 0 & 0 & 0 \\[2mm] 0 & \dfrac{1}{\sigma L_s} & 0 & 0 & 0 \end{bmatrix}^T$$

$y(x) = [\omega \quad \phi_r^2]^T$ vecteur des sorties du système

Avec $\phi_r^2 = \phi_{rd}^2 + \phi_{rq}^2$, $\alpha = \dfrac{1}{T_r}$, $\beta = \dfrac{M}{\sigma L_s L_r}$, $\mu = \dfrac{pM}{JL_r}$, $\delta = \dfrac{M^2 R_r}{\sigma L_s L_r^2} + \dfrac{R_s}{\sigma L_s}$

Pour obtenir le modèle du moteur asynchrone dans le référentiel fixe (α,β), il suffit de mettre $\omega_s = 0$, et remplacer évidemment les indices (d,q) par (α,β).

2.3 Commande vectorielle par orientation du flux rotorique

2.3.1 Principe de découplage par compensation

Soit le modèle de Park de la machine asynchrone donné par l'équation (2.08). Les seules sorties supposées mesurables sont la vitesse mécanique ω et les composantes du courant statorique i_{sd} et i_{sq} La commande vectorielle étant basée sur l'orientation de l'axe d suivant le flux rotorique. Si le repère est parfaitement orienté, la composante ϕ_{rq} est nulle ainsi que sa dérivée. A partir de là, les équations d'états se simplifient comme suit [Car95]:

$$\frac{di_{sd}}{dt} = -\delta i_{sd} + \omega_s i_{sq} + \alpha\beta\phi_{rd} + \frac{1}{\sigma L_s}u_{sd}$$
$$\frac{di_{sq}}{dt} = -\omega_s i_{sd} - \delta i_{sq} - \beta p\omega\phi_{rd} + \frac{1}{\sigma L_s}u_{sq}$$
$$\frac{d\phi_{rd}}{dt} = \alpha M i_{sd} - \alpha\phi_{rd}$$
$$\dot{\omega} = \mu\phi_{rd}i_{sq} - \frac{F}{J}\omega - \frac{C_r}{J} \tag{2.09}$$

La pulsation statorique s'écrit:

$$\omega_s = \dot{\theta}_s = p\omega + \alpha M\frac{i_{sq}}{\phi_{rd}} \tag{2.10}$$

La commande vectorielle à flux rotorique orienté consiste à commander le moteur par les deux composantes de la tension complètement découplées. Or selon le système d'équations (2.09), bien que le flux soit constant, il y a un grand couplage entre les deux axes d et q. Par compensation, on élimine les termes causant le couplage avec le retour d'état non linéaire suivant :

$$u_{sd} = -\sigma L_s(\omega_s i_{sq} + \alpha\beta\phi_{rd} - v_{dref})$$
$$u_{sq} = \sigma L_s(\omega_s i_{sd} + \beta p\omega\phi_{rd} - v_{qref})$$

(2.11)

Combinant les systèmes d'équation (2.09), (2.10) et (2.11), en utilisant la notation de Laplace *(s=d/dt)*, nous obtenons un nouveau système pour lequel les actions sur les axes d et *q* sont découplées.

$$\begin{cases} v_{dref} = (\delta + s)i_{sd} \\ v_{qref} = (\delta + s)i_{sq} \\ \phi_{rd} = \frac{M}{1+T_r s}i_{sd} \\ \dot{\omega} = \mu\phi_{rd}i_{sq} - \frac{C_r}{J} - \frac{F}{J}\omega \end{cases}$$

(2.12)

La pulsation de glissement est donnée par:

$$\omega_r = \alpha M \frac{i_{sq}}{\phi_{rd}}$$

(2.13)

2.3.2 Régulation par des correcteurs PI classiques

On peut remarquer qu'il y a un transfert du premier ordre entre i_{sd} et la tension v_{dref}. La consigne du flux impose un courant i_{sd} et lui-même impose une tension v_{dref}. De même, une régulation en cascade permet de déterminer la tension v_{qref} par une consigne de vitesse via le courant i_{sq}.

Les nouvelles entrées v_{dref} et v_{qref} sont calculées de la façon suivante :

$$v_{dref} = k_{pd}(i_{sd}^* - i_{sd}) + k_{id}\int_0^t (i_{sd}^* - i_{sd})dt$$
$$v_{qref} = k_{pq}(i_{sq}^* - i_{sq}) + k_{iq}\int_0^t (i_{sq}^* - i_{sq})dt$$

(2.14)

Où k_{pd}, k_{id}, k_{pq} et k_{iq} sont les gains des correcteurs et i_{sd}^* et i_{sq}^* sont les courant de références pour i_{sd} et i_{sq} respectivement.

Chapitre 2   Approches de Commandes Robustes de la Machine Asynchrone Linéarisée

Lorsque le flux s'établit, la dynamique de la vitesse devient linéaire. Il est donc possible de faire une commande en flux et en vitesse via des correcteurs PI comme suit :

$$i_{sd}^* = k_{pf}\left(\phi_r^* - \phi_r\right) + k_{if} \int_0^t \left(\phi_r^* - \phi_r\right)dt$$
$$i_{sq}^* = \frac{1}{\mu}\left[k_{pV}(\omega^* - \omega) + k_{iV} \int_0^t (\omega^* - \omega)dt\right]$$

(2.15)

La commande vectorielle à flux rotorique constant a permis de réaliser le découplage entre le couple et le flux de la machine asynchrone à l'aide d'une simple transformation non-linéaire basée sur l'introduction de termes compensatoires. On note que nous avons réalisé la régulation des boucles de flux et de vitesse avec bouclage interne des courants i_{sd} et i_{sq}, alors la dynamique des courants est contrôlée.

L'implantation de la commande exige la connaissance du flux et de sa position déterminant la position du repère (d,q). Un simple estimateur de flux rotorique en boucle ouverte $\hat{\phi}_r$ et de sa position $\hat{\theta}_s$ sont utilisés:

$$\frac{d\hat{\phi}_r}{dt} = \alpha M \hat{\imath}_{sd} - \alpha \hat{\phi}_r$$

(2.16)

$$\hat{\omega}_s = p\omega + \alpha M \frac{\hat{\imath}_{sq}}{\hat{\phi}_r}$$

(2.17)

$$\hat{\imath}_{sd} = i_{s\alpha}\cos\left(\hat{\theta}_s\right) + i_{s\beta}\sin\left(\hat{\theta}_s\right)$$
$$\hat{\imath}_{sq} = -i_{s\alpha}\sin\left(\hat{\theta}_s\right) + i_{s\beta}\cos\left(\hat{\theta}_s\right)$$

(2.18)

Où $i_{s\alpha}$, $i_{s\beta}$ sont les courants statoriques dans le repère (α, β) avec $\hat{\omega}_s = d\hat{\theta}_s/dt$.

Le schéma globale de la commande vectorielle par orientation du flux rotorique est illustré par la Fig. 2.2 où les composants de ce système sont détaillés dans le chapitre trois.

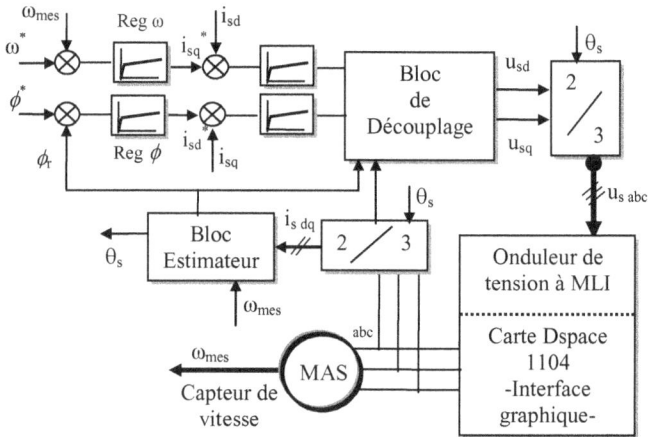

Fig.2.2 Schéma fonctionnel de la commande vectorielle à flux rotorique
orienté sur le banc d'essai expérimental

Dans le paragraphe suivant, nous allons présenter la méthodologie d'une
commande basée sur la linéarisation entrée-sortie combinée à la technique des
modes glissants.

2.4 Commande par linéarisation entrée-sortie basée sur le mode glissant

2.4.1 Nouvelle représentation de la machine à induction

Pour linéariser et contrôler indépendamment la vitesse et le module du flux
rotorique nous avons développé deux boucles; la boucle interne assure un
découplage entre la vitesse et le carré du module du flux rotorique, et la boucle
externe garantie, sur la base du modèle linéarisé , certains objectifs de commande.
La détermination de la loi de linéarisation est basée sur la nouvelle représentation
d'état suivante :

$$\dot{x} = a(x) + b(x)u_s \qquad (2.19)$$

Linéarisée

Où $a(x) = \begin{bmatrix} L\,x \\ a_1(x) \\ a_2(x) \end{bmatrix}$, $L = \begin{bmatrix} 0 & 0 & 1 & 0 \\ 0 & 0 & 0 & 1 \end{bmatrix}$, $x^T = [\omega \quad \varphi \quad \dot{\omega} \quad \dot{\varphi}] = [x_1 \ x_2 \ x_3 \ x_4]$

Avec: $a_{1(x)} = \mu[\alpha M i_{sd} i_{sq} - (\alpha + \delta)\phi_{rd} i_{sq} - \omega_s \phi_{rd} i_{sd} - p\beta\omega\varphi] - \dfrac{\dot{C}_r}{J} - \dfrac{F}{J}\dot{\omega}$

$a_{2(x)} = 2\alpha M[\alpha M i_{sd}^2 - (3\alpha + \delta)\phi_{rd} i_{sd} + \omega_s \phi_{rd} i_{sq}] + 2\alpha^2(\beta M + 2)\varphi$

$b^T = \dfrac{1}{\sigma L_s} \begin{bmatrix} 0 & 0 & 0 & 2\alpha M \phi_{rd} \\ 0 & 0 & \mu\phi_{rd} & 0 \end{bmatrix}$

$|\phi|^2 = \varphi = \phi_{rd}^2$

D'après les nouvelles variables d'état, on a:

$$\begin{aligned} \dot{x}_1 &= x_3 \\ \dot{x}_2 &= x_4 \end{aligned}$$ (2.20)

La matrice $a(x)$ est composée de deux parties, une partie linéaire $[Lx]$ et une partie non linéaire $\begin{bmatrix} a_1(x) \\ a_2(x) \end{bmatrix}$. Pour linéariser complètement le système (2.19), on utilise la technique par mode glissant.

2.4.2 Modèle du système linéaire choisi

Soit le système linéaire de second ordre donné par la représentation d'état suivante:

$$\dot{x} = Ax + Bv$$ (2.21)

Tel que $v = [v_1 \quad v_2]^T$ soit le vecteur des nouvelles entrées de commande.

Avec: $x^T = [x_1 \ x_2 \ x_3 \ x_4]$

$$A = \begin{bmatrix} 0 & 0 & 1 & 0 \\ 0 & 0 & 0 & 1 \\ -p_1 p_2 & 0 & (p_1 + p_2) & 0 \\ 0 & -p_3 p_4 & 0 & (p_3 + p_4) \end{bmatrix}, B = \begin{bmatrix} 0 & 0 \\ 0 & 0 \\ p_1 p_2 & 0 \\ 0 & p_3 p_4 \end{bmatrix}$$

Où p_1, p_2, p_3 et p_4 représentent les pôles choisis du système de second ordre (2.21). En utilisant (2.20), le système (2.21) peut s'écrire sous la forme suivante :

$$\begin{bmatrix} p_1 p_2 v_1 \\ p_3 p_4 v_2 \end{bmatrix} = \begin{bmatrix} \ddot{x}_1 \\ \ddot{x}_2 \end{bmatrix} - \begin{bmatrix} (p_1 + p_2) & 0 \\ 0 & (p_3 + p_4) \end{bmatrix} \begin{bmatrix} \dot{x}_1 \\ \dot{x}_2 \end{bmatrix} + \begin{bmatrix} p_1 p_2 & 0 \\ 0 & p_3 p_4 \end{bmatrix} \begin{bmatrix} x_1 \\ x_2 \end{bmatrix} \quad (2.22)$$

En introduisant la transformée de Laplace, le modèle donné par (2.22) peut être représenté sous forme matricielle comme suit :

$$\begin{bmatrix} x_1 \\ x_2 \end{bmatrix} = \begin{bmatrix} G_1(s) & 0 \\ 0 & G_2(s) \end{bmatrix} \begin{bmatrix} v_1 \\ v_2 \end{bmatrix} \quad (2.23)$$

Avec:

$$G_1(s) = \frac{X_1}{v_1} = \frac{p_1 p_2}{S^2 - (P_1 + P_2)S + P_1 P_2} = \frac{p_1 p_2}{(S - P_1)(S - P_2)} \quad (2.24)$$

$$G_2(s) = \frac{X_2}{v_2} = \frac{p_3 p_4}{S^2 - (P_3 + P_4)S + P_3 P_4} = \frac{p_3 p_4}{(S - P_3)(S - P_4)} \quad (2.25)$$

Le système donné par (2.23) est composé de deux sous systèmes linéaires indépendants; chaque sous système peut être contrôlé par une boucle indépendante de commande, ce qui permet de contrôler indépendamment les variables d'états x_1 et x_2. Chaque sous système est caractérisé par deux pôles, (p_1, p_2) pour la variable d'état x_1 et (p_3, p_4) pour la variable d'état x_2 [Eti02].

2.4.3 Application de la linéarisation par mode glissant à la machine asynchrone

L'idée de base de cette procédure est de convertir le système donné par (2.19) en un système qui prend l'ordre et la dynamique du système définit par (2.21).

Considérant la surface de glissement particulière suivante :

$$S(x) = k_1 x + k_2 \dot{x} \quad (2.26)$$

Avec $S = [s_1 \quad s_2]^T$, $k_1 = [C_1 \quad C_2]$, $k_2 = [C_3 \quad C_4]$

C_1, C_2, C_3, C_4 sont les matrices de gains (2×2) à déterminer.

Développant (2.26) on aura:

$$S(x) = C_1 \begin{bmatrix} x_1 \\ x_2 \end{bmatrix} + C_2 \begin{bmatrix} x_3 \\ x_4 \end{bmatrix} + C_3 \begin{bmatrix} \dot{x}_1 \\ \dot{x}_2 \end{bmatrix} + C_4 \begin{bmatrix} \dot{x}_3 \\ \dot{x}_4 \end{bmatrix} \quad (2.27)$$

Utilisant l'expression (2.20) et après un arrangement, l'équation (2.27) sera:

$$C_4^{-1}S(x) = \begin{bmatrix} \ddot{x}_1 \\ \ddot{x}_2 \end{bmatrix} + C_4^{-1}(C_2 + C_3)\begin{bmatrix} \dot{x}_1 \\ \dot{x}_2 \end{bmatrix} + C_4^{-1}C_1 \begin{bmatrix} x_1 \\ x_2 \end{bmatrix} \qquad (2.28)$$

Pour simplifier les calculs, considérant le cas particulier $C_2 = C_4 = I = \begin{bmatrix} 1 & 0 \\ 0 & 1 \end{bmatrix}$, alors:

$$S(x) = \begin{bmatrix} \ddot{x}_1 \\ \ddot{x}_2 \end{bmatrix} + (C_2 + C_3)\begin{bmatrix} \dot{x}_1 \\ \dot{x}_2 \end{bmatrix} + C_1 \begin{bmatrix} x_1 \\ x_2 \end{bmatrix} \qquad (2.29)$$

L'identification entre les équations (2.22) et (2.29) permet d'obtenir les matrices de gain C_1 et C_3 suivantes :

$$C_1 = \begin{bmatrix} p_1 p_2 & 0 \\ 0 & p_3 p_4 \end{bmatrix}, C_3 = \begin{bmatrix} -(1 + p_1 + p_2) & 0 \\ 0 & -(1 + p_3 + p_4) \end{bmatrix} \qquad (2.30)$$

Alors, la surface de glissement prend la forme suivante:

$$S(x) = \begin{bmatrix} p_1 p_2 & 0 & 1 & 0 \\ 0 & p_3 p_4 & 0 & 1 \end{bmatrix} x +$$
$$\begin{bmatrix} -(1 + p_1 + p_2) & 0 & 1 & 0 \\ 0 & -(1 + p_3 + p_4) & 0 & 1 \end{bmatrix} \dot{x} \quad (2.31)$$

Déterminant la dynamique du système en Substituant (2.19) dans (2.26), S(x) peut s'écrire comme suit :

$$S(x) = k_1 x + k_2\, a(x) + k_2 b(x)u \qquad (2.32)$$

En imposant S(x) = 0, la commande équivalente garantissant la convergence de la dynamique du système sera définie par l'expression suivante :

$$u_{eq} = -[k_2\, b(x)]^{-1}[k_1 x + k_2\, a(x)] \qquad (2.33)$$

En Substituant (2.21) dans (2.26) et par identification avec (2.32), la nouvelle loi de commande de linéarisation entrée sortie du système sera donnée par :

$$u = u_{eq} + [k_2\, b(x)]^{-1}v \qquad (2.34)$$

La stabilité du système est conditionnée par le choix des pôles des fonctions de transfert de flux et de vitesse. En général, Il est donc souvent recommandé d'intégrer, pour l'asservissement d'un système linéaire, des régulateurs robustes, dont l'objectif est d'améliorer les caractéristiques de précision, de stabilité et de rapidité du système. Le schéma fonctionnel de la commande du système linéarisé est représenté par la Fig.2.3:

Les quatre gains de la surface de glissement donnée par (2.31) de la commande de linéarisation entrée-sortie par mode glissant (LMG) utilisés lors de l'essai expérimental et déterminant la dynamique du système linéaire en boucle ouverte sont : P_1=-100, P_2 =-200, P_3 =-300, P_4=-600.

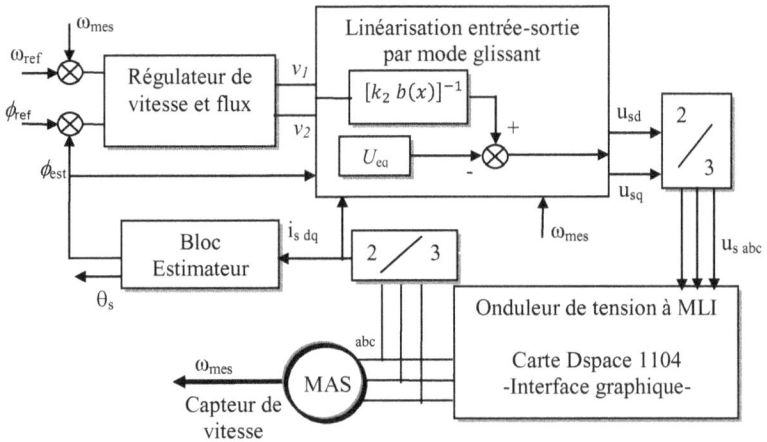

Fig.2.3 Schéma fonctionnel de la commande par linéarisation entrée-sortie par mode glissant sur le banc d'essai expérimental

Lorsque l'amplitude du flux ϕ_r atteint sa référence constante ϕ_{ref}, la dynamique de la vitesse rotorique devient aussi linéaire. Il est donc possible de faire une commande en flux et en vitesse via des régulateurs. La réponse expérimentale présentée par la Fig.2.4 est obtenue avec l'utilisation d'un simple intégrateur. Elle présente une dynamique très lente, en apparence dû à la présence d'un pôle proche à l'origine dans la fonction de transfert en boucle fermée. Un régulateur proportionnel-intégral-dérivée (PID) est à écarter car, bien qu'une action dérivée permette d'accélérer la régulation, elle amplifie néanmoins le moindre bruit. Pour obtenir une réponse plus rapide et plus précise on propose des régulateurs proportionnels intégrales PI.

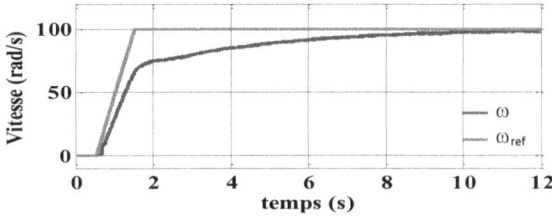

Fig.2.4 Réponse expérimentale de la vitesse à vide avec correcteur intégral

2.4.4 Régulation proportionnelle intégrale

Le schéma bloc de régulation du modèle linéarisé est représenté par la figure suivante:

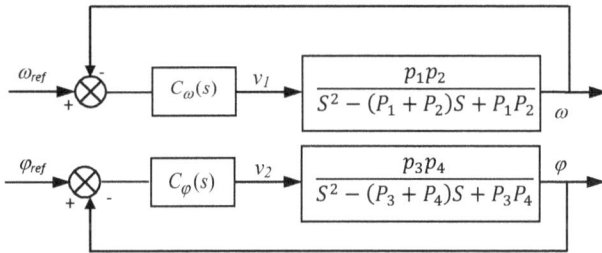

Fig.2.5 Boucles de régulations de flux et de vitesse

Pour chacune des boucles, nous avons adopté un régulateur *C(s)* de type proportionnel intégral (PI), simple à mettre en œuvre en expérimental. Il assure une erreur statique nulle grâce à l'action intégral, et sert à régler la rapidité de la réponse grâce à l'action proportionnelle.

Pour déterminer une formulation explicite des gains des régulateurs, nous n'avons pas modélisé le retard introduit par le convertisseur statique (onduleur MLI) (10^{-4}s), le retard dû au temps du calcul (10^{-4}s) et le retard introduit par le filtrage des courants (0.25ms) dont les constantes de temps sont très petites par rapport à la dynamique du flux et de vitesse.

49

Régulation du flux

Parmi les différentes méthodes de synthèse, nous avons adopté l'approche par compensation en temps continu, le correcteur discret est obtenu ensuite par l'approximation d'Euler en simulation.

La fonction de transfert en boucle ouverte est :

$$G_{2BO}(s) = \left(K_{p\varphi} + \frac{k_{i\varphi}}{s} \right) \frac{p_3 p_4}{(s - p_3)(s - p_4)}$$

Où
$$C_\varphi(s) = \left(K_{p\varphi} + \frac{k_{i\varphi}}{s} \right)$$

Le zéro introduit par le correcteur sera utilisé pour compenser le pôle le plus lent du système, soit : $p_4 = -\frac{k_{i\varphi}}{k_{p\varphi}}$, alors la fonction de transfert en boucle fermée sera:

$$G_{2BF}(s) = \frac{k_{p\varphi} p_3 p_4}{s^2 - p_3 s + k_{p\varphi} p_3 p_4} \tag{2.35}$$

Le gain $k_{p\varphi}$ sera déterminé de sorte que la réponse soit rapide et sans dépassement. La fonction de transfert (2.35) peut être identifiée à un système de second ordre sous la forme: $\dfrac{\omega_c^2}{s^2 + 2\zeta\omega_c s + \omega_c^2}$

avec: ξ : Coefficient d'amortissement.

ω_c :Pulsation propre non amortie.

Ce qui implique les identités :

$$\begin{cases} \omega_c^2 = k_{p\varphi} p_3 p_4 \\ 2\zeta\omega_c = -p_3 \end{cases} \tag{2.36}$$

Le choix convenable de ζ et par la suite ω_c nous permet de calculer les coefficients du régulateur de flux d'après l'équation (2.36), par simple identification.

Régulation de vitesse

Il est nécessaire, pour un bon fonctionnement, que l'établissement du flux soit plus rapide que la vitesse. Le calcul du régulateur de la vitesse se fait en suivant la même procédure que celle de la régulation du flux.

2.4.5 Régulation H_∞

Dans ce paragraphe, on procède à la synthèse d'un régulateur H_∞ par factorisation première assurant la commande robuste de la machine asynchrone en flux, et en vitesse.

Les caractéristiques fréquentielles des filtres de pondération utilisés conditionnent directement les spécifications de performance et de robustesse du correcteur imposées par le cahier de charge.

Plusieurs types de pondérations peuvent être choisis pour décrire correctement les spécifications du cahier des charges. Elles peuvent se résumer en un gain, un filtre du premier ordre, du second ordre …etc. Le choix de ces fonctions peut être sujet à quelques tâtonnements pour arriver aux meilleures fonctions de pondération.

D'un point de vue pratique, il est intéressant de donner quelques indications sur le choix des filtres. Le pré-compensateur $W_1(s)$ est en général composé de filtres passe-bas, afin de filtrer les hautes fréquences, pour à la fois atténuer les bruits de mesure et assurer une bonne robustesse aux dynamiques négligées.

Le post-compensateur $W_2(s)$ est choisi en général de façon à obtenir des gains élevés en basses fréquences (par exemple au moyen d'actions intégrales), de façon à garantir la précision de la correction. Pour améliorer les marges de stabilité, il est aussi possible de placer des correcteurs à avance de phase, soit dans $W_1(s)$ soit dans $W_2(s)$.

2.4.5.1 Synthèse du contrôleur H_∞ de la boucle de flux

Pour notre cas, les fonctions pré et post compensation $W_{1\varphi}$ et $W_{2\varphi}$ choisit sont de la forme:

$$W_{1\varphi} = 2300 \frac{1}{s+2500}, \quad W_{2\varphi} = 0.6 \frac{s+300}{s}$$

Pour réduire l'effet du bruit et assurer un bon rejet du bruit en haute fréquence, il faut que la fonction de sensibilité complémentaire T vérifie :

$$|T|_\infty < \frac{1}{|W_{1\varphi}|_\infty}$$

Pour assurer une erreur statique nulle et un bon rejet de perturbation en basse fréquence la fonction de sensibilité S doit vérifier :

$$|S|_\infty < \frac{1}{|W_{2\varphi}|_\infty}$$

En appliquant la procédure de stabilisation de [Glo89], donné par (1.44), on obtient le correcteur suivant :

$$K_\varphi(s) = 3.1 \frac{s^3 + 3425 s^2 + 2.5026\ 10^6 s + 6.68\ 10^8}{s^3 + 3833 s^2 + 3.98\ 10^6 s + 8.76\ 10^8}$$

La marge de stabilité maximale est $\varepsilon_{\varphi max}$=0.59

Le correcteur final égale à $K_{\infty\varphi} = W_{1\varphi} K_\varphi W_{2\varphi}$, après réduction, prend la forme suivante :

$$K_{\infty\varphi}(s) = 4.34\ 10^3 \frac{(s+300)}{s} \frac{(s+626)}{(s+1328)} \frac{1}{(s+2174)} \tag{2.37}$$

On note que le correcteur H_∞ obtenue a un effet de trois corrections simultanément

Un correcteur proportionnel intégrale « PI » pour avoir une erreur statique nulle.

Un correcteur à avance de phase pour améliorer la stabilité et la rapidité, mais ce correcteur provoque un peu de sensibilité aux bruits.

Un filtre passe bas pour réduire l'effet de bruit en haute fréquence.

La Fig.2.6 représente les valeurs singulières de la fonction de sensibilité S et la fonction de sensibilité complémentaire T et leurs gabarits. On remarque que la norme infinie (∞) est bien inférieure à un. La fonction de sensibilité montre un gain très faible (-30 *dB* à 10 *rad/s* et-50 *dB* à 1*rad/s*) avec une pente de -20 *dB/dec* ce qui implique une erreur statique très faible et une bonne rejection des perturbations. La fonction de sensibilité complémentaire montre un gain très faible en hautes fréquences (-15 *dB* à 1000 *rad/s* et -60 *dB* à 10000 *rad/s*) avec une pente -40 *dB/dec* ce qui nous assure une très bonne atténuation des bruits.

La Fig.2.7 représente les tracés de Bode de la boucle ouverte pondérée du flux $W_{1\varphi}$ $G_2 W_{2\varphi}$ et la boucle ouverte après stabilisation $K_{\infty\varphi} G_2$.

La boucle fermée présente une marge de phase de 70.7° et une marge de gain égale à 22.1*dB* et une pulsation de coupure ω_c=269 *rad/s*.

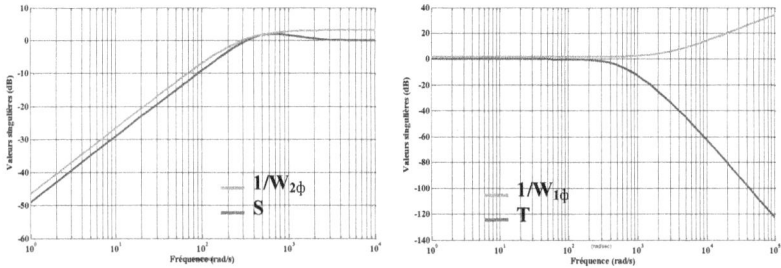

Fig.2.6 Valeurs singulières de la fonction de sensibilité S et sensibilité complémentaire T

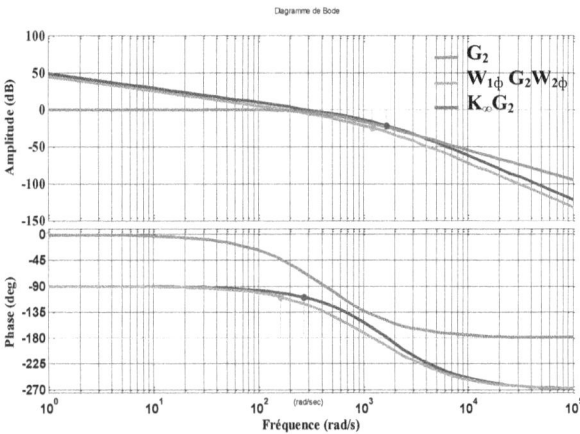

Fig.2.7 Tracé de Bode de la fonction du système nominal G_2, la fonction pondérée $W_{1\phi} G_2 W_{2\phi}$ et la fonction en boucle ouverte du système stabilisé $K_{\infty\varphi}G_2$.

2.4.5.2 Synthèse du contrôleur H_∞ de la boucle de vitesse

En assurant les mêmes performances données ci-dessus, les fonctions pré et post compensation $W_{1\omega}$ et $W_{2\omega}$ pour la correction de la vitesse sont choisies comme suit :

$$W_{1\omega} = 1500\frac{1}{s+1500}, \quad W_{2\omega} = 0.75\frac{s+100}{s}$$

L'application de la procédure de stabilisation de [Glover89] donne le contrôleur de vitesse suivant :

$$K_\omega(s) = 2.9 \frac{s^3 + 1818s^2 + 4.989\ 10^5 s + 3.266\ 10^7}{s^3 + 2034s^2 + 9.15\ 10^5 s + 7.21\ 10^7}$$

La marge de stabilité maximale $\varepsilon_{\omega max} = 0.558$

Le correcteur final égale à $K_{\infty\omega} = W_{1\omega}\ K_\omega W_{2\omega}$, après réduction, prend la forme suivante :

$$K_{\infty\omega}(s) = 3.263\ 10^3 \frac{(s+100)}{s} \frac{(s+218.1)}{(s+504.8)} \frac{1}{(s+1425)} \qquad (2.38)$$

Les valeurs singulières de la fonction de sensibilité S et la fonction de sensibilité complémentaire T et leurs gabarits sont représentées par la Fig.2.8 qui prouve que les fonctions de sensibilité restent au dessous de l'inverse de la fonction de pondération, ce qui nous assure sur la qualité de la régulation. Les tracés de Bode de la boucle ouverte pondérée de vitesse $W_{1\omega}G_1W_{2\omega}$ et la boucle ouverte après stabilisation $K_{\infty\omega}G_1$ sont représentées par la Fig.2.9.

La boucle fermée présente une marge de phase de 73.6° et une marge de gain égale à 26.1 dB et une pulsation de coupure $\omega_c = 95.5\ rad/s$.

On remarque que le modelage effectué sur les fonctions de transferts de vitesse et du flux respectivement G_1 et G_2 présente une faible dégradation.

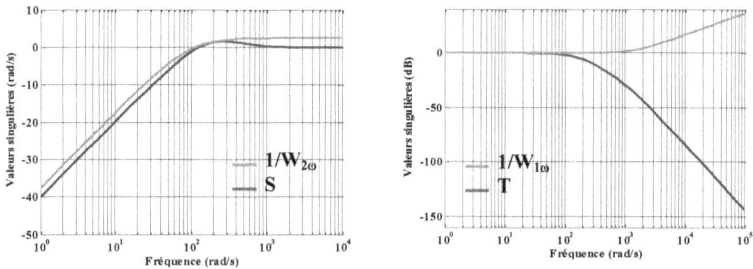

Fig.2.8 Les valeurs singuliers de la fonction de sensibilité S et sensibilité complémentaire T

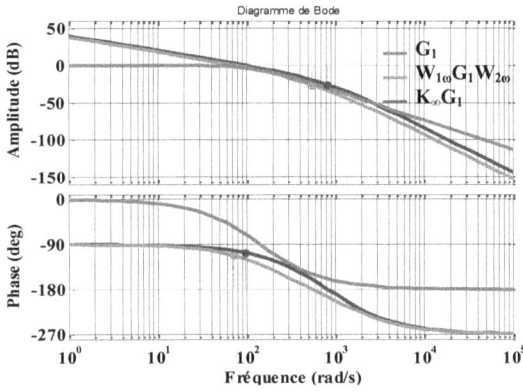

Fig.2.9 Tracé de Bode de la fonction du système nominal G_1, la fonction pondérée $W_{1\omega}G_1W_{2\omega}$ et la fonction en boucle ouverte du système stabilisé $K_{\infty\omega}G_1$.

2.4.6 Régulation par mode glissant

Comme il a été noté précédemment, les sorties à commander sont la vitesse rotorique et le carré du module de flux rotorique ω et φ. Pour déterminer la loi de commande par mode glissant, on définit la surface de glissement suivante [Utk99] :

$$S(x) = k_1 \int e + k_2 e = 0 \tag{2.39}$$

Avec :

$$S(x) = \begin{bmatrix} S_\omega \\ S_\varphi \end{bmatrix}$$

$$k_1 = \begin{bmatrix} p_1 p_2 & 0 & 1 & 0 \\ 0 & p_3 p_4 & 0 & 1 \end{bmatrix}, k_2 = \begin{bmatrix} -(1 + p_1 + p_2) & 0 & 1 & 0 \\ 0 & -(1 + p_3 + p_4) & 0 & 1 \end{bmatrix}$$

L'erreur e représente la différence entre la variable mesurée x et la valeur désirée x_d telle que:

$e = [x_d - x]^T = [e_\omega \ e_\varphi \ \dot{e}_\omega \ \dot{e}_\varphi]^T$ et la dynamique de la valeur désirée x_d vérifie (2.21).

Avec : $x = [\omega \ \varphi \ \dot{\omega} \ \dot{\varphi}]^T$, $x_d = [\omega_d \ \varphi_d \ \dot{\omega}_d \ \dot{\varphi}_d]^T$. k_1, k_2 déterminent la dynamique de convergence des erreurs e_ω et e_φ.

On suppose que tous les états sont mesurés et que leurs références ω_d et φ_d sont dérivables et bornées.

Si on considère que le couple de charge est une perturbation inconnue, la dynamique de la surface de glissement S(x) est régie par :

$$\dot{S}(x) = k_1 e + k_2 \dot{e} = H(x) + [k_2 b]u_s \qquad (2.40)$$

Où $H(x) = \begin{bmatrix} H_1(x) \\ H_2(x) \end{bmatrix}$, $b^T = \frac{1}{\sigma L_s} \begin{bmatrix} 0 & 0 & 0 & 2\alpha M \phi_{rd} \\ 0 & 0 & \mu \phi_{rd} & 0 \end{bmatrix}$

Avec :

$$H_1(x) = -P_1 P_2 \omega + (P_1 + P_2)\dot{\omega} - a_1(x) + P_1 P_2 v_1$$
$$H_2(x) = -P_3 P_4 \varphi + (P_3 + P_4)\dot{\varphi} - a_2(x) + P_3 P_4 v_2$$

On note que le choix de la surface de glissement S a été fait de façon à assurer une convergence exponentielle de ω et φ vers leurs références lorsque le système évolue sur la surface de glissement.

Pour la synthèse de la loi de commande, on considère la fonction candidate de Lyapunov suivante :

$$V = \frac{1}{2} S^T(x) S(x) \qquad (3.41)$$

La dérivée de V le long des trajectoires de (2.40) est :

$$\dot{V} = S^T(x)\dot{S}(x) = S^T(x)(H(x) + [k_2 b].u) \qquad (2.42)$$

La matrice $[k_2 b]$ est inversible et la norme du flux est non nulle. La loi de commande proposée sera de la forme [Utk92]:

$$u = u_{eq} + u_{glis} \qquad (2.43)$$

La commande équivalente u_{eq} est obtenue par les conditions d'invariance de la surface $S(x) = 0$ et $\dot{S}(x) = 0$ telle que:

$$u_{eq} = -[k_2 b]^{-1} H(x) \qquad (2.44)$$

Afin d'assurer la convergence et l'attractivité vers la surface S, la commande discontinue u_{glis} est donnée par:

$$u_{glis} = -[k_2 b]^{-1} \begin{bmatrix} \lambda_{1\omega} sgn(S_\omega) + \lambda_{2\omega} S_\omega \\ \lambda_{1\varphi} sgn(S_\varphi) + \lambda_{2\varphi} S_\varphi \end{bmatrix} \qquad (2.45)$$

Avec $\lambda_{1\omega}$ $\lambda_{2\omega}$ et $\lambda_{1\varphi}$ $\lambda_{2\varphi}$ des gains positifs respectant les conditions:

$$\lambda_{1\omega} \; et \; \lambda_{2\omega} > |-P_1 P_2 \omega + (P_1 + P_2)\dot{\omega} - a_1(x) + P_1 P_2 v_1|$$

$$\lambda_{1\varphi} \; et \; \lambda_{2\varphi} > |-P_3 P_4 \varphi + (P_3 + P_4)\dot{\varphi} - a_2(x) + P_3 P_4 v_2|$$

L'application de la commande précédente sur (2.42) donne:

$$\dot{V} = -S^T \begin{bmatrix} \lambda_{1\omega} sgn(S_\omega) + \lambda_{2\omega} S_\omega \\ \lambda_{1\varphi} sgn(S_\varphi) + \lambda_{2\varphi} S_\varphi \end{bmatrix} = -\lambda_{1\omega}|S_\omega| - \lambda_{2\omega}S_\omega^2 - \lambda_{1\varphi}|S_\varphi| - \lambda_{2\varphi}S_\varphi^2 < 0$$

Ainsi la surface de glissement S(x) est attractive.

L'expression de la loi de commande par mode de glissement sera donnée globalement par:

$$u = -[k_2 b]^{-1} \left[H(x) + \begin{bmatrix} \lambda_{1\omega} sng(S_\omega) + \lambda_{2\omega} S_\omega \\ \lambda_{1\varphi} sng(S_\varphi) + \lambda_{2\varphi} S_\varphi \end{bmatrix} \right] \qquad (2.46)$$

2.5 Conclusion

Au début de ce chapitre, nous avons présenté le modèle de Park de la machine asynchrone sous forme de représentation d'état. Nous avons ensuite exposé les principes de base de la commande vectorielle par orientation du flux rotorique et évoqué une nouvelle approche permettant le découplage entre le flux et la vitesse dans un repère tournant (d-q). Cette approche est basée sur une linearisation entrée-sortie par retour d'état, utilisant la technique des modes glissants. Cela nous a conduit à un système linéaire constitué de deux fonctions de transfert de second ordre liant la tension au flux et à la vitesse. Enfin, nous avons proposé trois types de régulateurs. Tout d'abord nous avons utilisé des régulateurs PI pour le contrôle de la vitesse et du flux, simple à implanter dans le banc d'essai expérimental. ensuite nous avons proposé la régulation H_∞ par factorisation première qui offre des possibilités élargies pour spécifier à priori des objectifs de performance et de robustesse. Le troisième contrôleur utilisé, est basé sur la technique des modes glissants dont la partie discontinue est modifiée par rapport à la commande par mode glissant classique. La stabilité du système est vérifiée par la convergence de la fonction de Lyapunov.

Ces commandes retenues seront validées par des essais expérimentaux qui seront présentés dans le chapitre suivant.

Chapitre 3

Validation expérimentale

3.1 Introduction

Dans ce chapitre, nous présentons la validation expérimentale et la mise en œuvre des algorithmes de commandes décrits dans le chapitre deux qui sont:

- La commande vectorielle par orientation de flux rotorique (FOC) utilisant des correcteurs PI.

- La commande par des régulateurs PI (LMG-PI), ensuite la commande par des régulateurs H_∞ (LMG- H_∞) et enfin la commande par mode glissant (LMG-MG). Ces commandes sont appliquées sur le modèle linéarisé de la machine asynchrone.

L'objectif étant de comparer les différentes lois de commandes dans des conditions d'expérimentations réelles voisines et significatives pour évaluer les techniques de commandes élaborés dans le cadre d'une commande vectorielle de la machine à induction.

3.2 Description du banc d'essai expérimental

Notre banc d'essai est destiné à la validation expérimentale de commandes destinées aux machines asynchrones. Le banc d'essai permet de mettre en place de multiples lois de commandes et d'observations grâce à un environnement logiciel qui s'appuie sur l'ensemble Matlab/Simulink munis d'une carte DSPACE 1104.

La structure électromécanique du banc expérimental, présentée par la Fig.3.1, est constituée par les parties suivantes:

Fig.3.1 Banc d'essai expérimental au laboratoire L.T.I à Cuffies (France)

3.2.1 Partie mécanique

Cette partie est composée d'un moteur asynchrone tétra-polaire à cage d'écureuil dont les caractéristiques sont données dans l'annexe A, d'un frein à poudre, d'un capteur de vitesse de type codeur incrémental et d'une machine à courant continu couplé agissant comme charge (présente 10% de la charge nominale). Voir Fig.3.2.

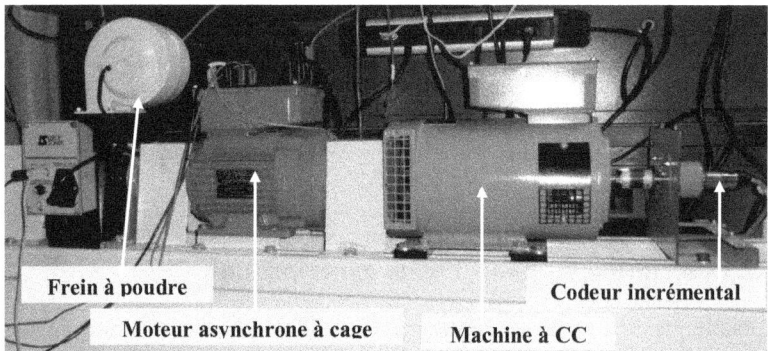

Fig.3.2 Partie mécanique

3.2.2 Partie électronique de puissance

Le convertisseur statique utilisé dans les essais expérimentaux est composé d'un redresseur triphasé à diodes, d'un filtre et d'un onduleur de tension. La tension continue alimentant l'onduleur provient de la tension triphasée générée par un autotransformateur (0-430V entre phases, 50 Hz) permettant l'ajustement du niveau de tension sur le bus continu en sortie du pont redresseur à diodes. L'onduleur de tension comporte trois bras de pont, à IGBT et à diodes (de chez SEMIKRON), et un quatrième bras, souvent pour servir à la protection de la partie électronique de puissance des phases de freinage, voir Fig.3.3. La stratégie de commande des bras du pont est réalisée par modulation de largeur d'impulsion MLI (en anglais PWM). Le principe de la MLI consiste à comparer une tension de référence appelée modulante (f=50Hz), à une tension triangulaire appelée porteuse de fréquence plus grande f_d permettant d'obtenir une tension sous forme de créneaux successifs. La fréquence de découpage f_d, choisie de 10KHz, est limitée par des contraintes matérielles, en l'occurrence les filtres placés en amont des capteurs anti-repliements (FAR), de type Tchebytchef d'ordre 2, qui ont une fréquence de coupure de 340Hz. Il suffit donc de repousser les harmoniques de tensions/courants dus au découpage au delà de 340Hz. Les drivers, doivent être alimentés de 0-15V, or la carte DSPACE délivre des signaux entre 0-5V. Un montage Darlington, présenté par la Fig.3.4 ; permet la conversion de 5V à 15V.

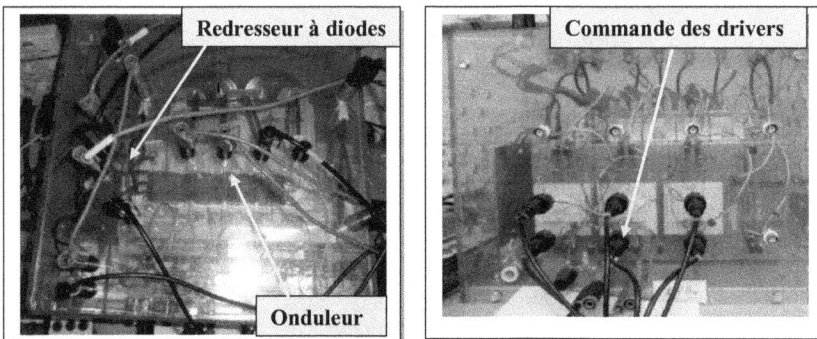

Fig.3.3 Onduleur de tension

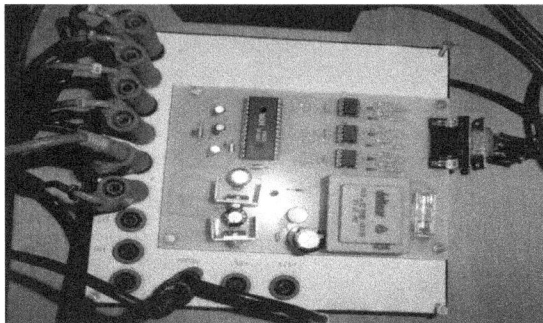

Fig.3.4 Montage Darlington pour alimenter les drivers à 15V

3.2.3 Partie mesure

La mesure de la position est effectuée à l'aide d'un codeur incrémental placé au bout de l'arbre du moteur asynchrone ayant une résolution de 5000 points par tour. La vitesse est déterminée à partir de la mesure de la position par une approximation numérique de la dérivée. Pour la mesure des courants de lignes de la machine nous avons utilisé :

- Deux sondes de courant à effet hall (LEM LTS 25-NP à compensation de flux, présentés par la Fig.3.5 pour la mesure des courants statoriques sur les deux phases, le courant dans la troisième phase est calculé à partir des deux autres.

- Trois sondes de tension LEM CV 3-1000 pour la mesure des tensions composées statoriques.

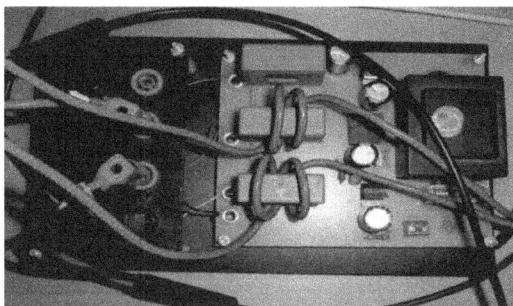

Fig.3.5 Sondes de courants

3.2.4 Partie -Carte DSPACE 1104-

Les aspects logiciels et numériques de la commande sont assurés par la carte Dspace 1104, depuis l'acquisition numérique des signaux d'entrées jusqu'aux signaux de sorties (MLI) de commande. Les signaux de commutations appliquées aux transistors sont générés, à partir des tensions de référence, par une carte interface graphique du control DESK spécialisée qui lie le convertisseur avec la carte Dspace 1104 intégrée dans l'ordinateur. La carte Dspace a une capacité mémoire de 8 Mo en Flash et de 32 Mo en SDRAM, dispose de 8 convertisseurs analogiques numériques (4 en 16 bits, 4 en 12 bits), de 8 convertisseurs numériques analogiques (CNA) de 16 bits pouvant délivrer une tension analogique comprise entre -10V et +10V, d'une liaison série, de deux codeurs incrémentaux, de 20 entrées-sorties numériques, et de trois timers (32 bits) pouvant fonctionner de manière indépendante.

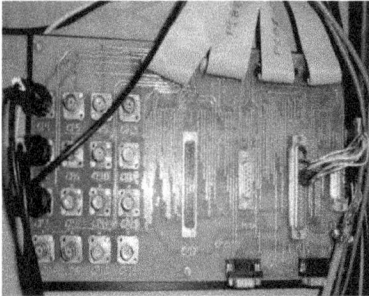 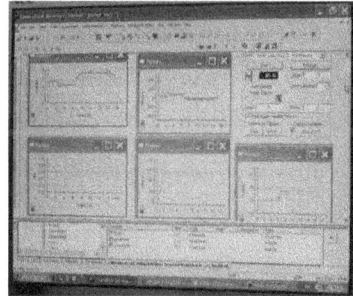

(a)   (b)

Fig.3.6   (a) Interface graphique du control DESK,

(b) Visualisation en temps réel sur Simulink/Dspace

Les programmes, développés sous l'environnement Simulink, sont implantés au sein de la carte Dspace. Cette carte est équipée d'un logiciel d'interface graphique Control DESK, représentée par la Fig.3.6.(a). Cette interface graphique permet l'implantation aisée des lois de commandes complexes sous forme de schémas blocs ou programmes en langage C, ainsi la visualisation en temps réel de toutes les variables (de contrôle, de retour capteur ...) disponibles sur les schémas Simulink/Dspace de la commande.

3.3 Présentation du Benchmark

Le schéma bloc général du banc d'essai expérimental est donné par la Fig.3.8. Les courants statoriques $i_{s(a,b,c)}$ et la vitesse rotorique ω et la position θ_s sont des grandeurs mesurables. Lors des essais expérimentaux, nous avons relevé la vitesse et les courants statoriques i_{sa}, i_{sb}, i_{sc} avec application de la charge nominale (10 Nm) en boucle ouverte. Fig.3.7.

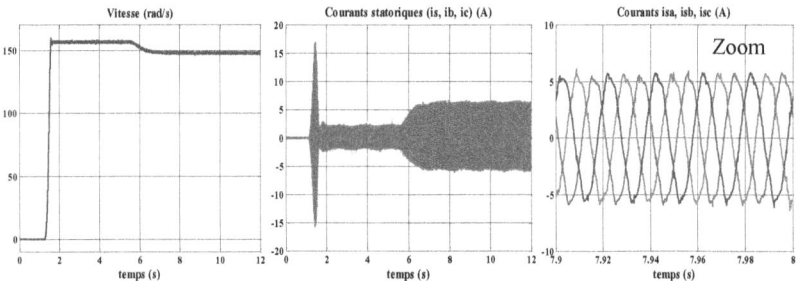

Fig.3.7 Vitesse rotorique ω et courants statoriques $i_{s(abc)}$ en boucle ouverte

Les paramètres de la machine sont supposés constants à l'exception de la constante de temps rotorique T_r qui varie au cours du temps.

Nous avons utilisé un simple estimateur de flux rotorique donnée par (2.16), ce choix est justifié par le fait que l'on s'intéresse surtout à la comparaison des algorithmes de commande. L'utilisation d'un observateur de flux de qualité pourrait masquer notablement les performances de chaque loi de commande.

Des profils (de vitesse, de flux, …) ont été conçu afin de tester les lois de commandes et évaluer leurs performances à vitesse variable avec différentes consignes de flux et de la constante de temps rotorique. Les Fig.3.9-10-11-12 montrent les profils utilisés lors des essais expérimentaux.

L'objectif est le suivi des profils de vitesse et du flux permettant de mettre en évidence les capacités de poursuite des algorithmes de commande à différents régimes: basse vitesse, vitesse nominale, avec variation du couple de charge et variation de la constante de temps rotorique.

Parmi les critères considérés pour la comparaison des lois de commande, la qualité de la réponse transitoire pour la poursuite des différentes références en présence de la charge et de la variation paramétrique.

On note que pour toutes les lois de commande que nous allons présenter, la vitesse mesurée est filtrée par un filtre passe bas de constante de temps de 2.5 ms. Pour faire une comparaison plus pertinente des lois de commande proposées, nos algorithmes ont été implantés dans le repère (d,q) du flux rotorique.

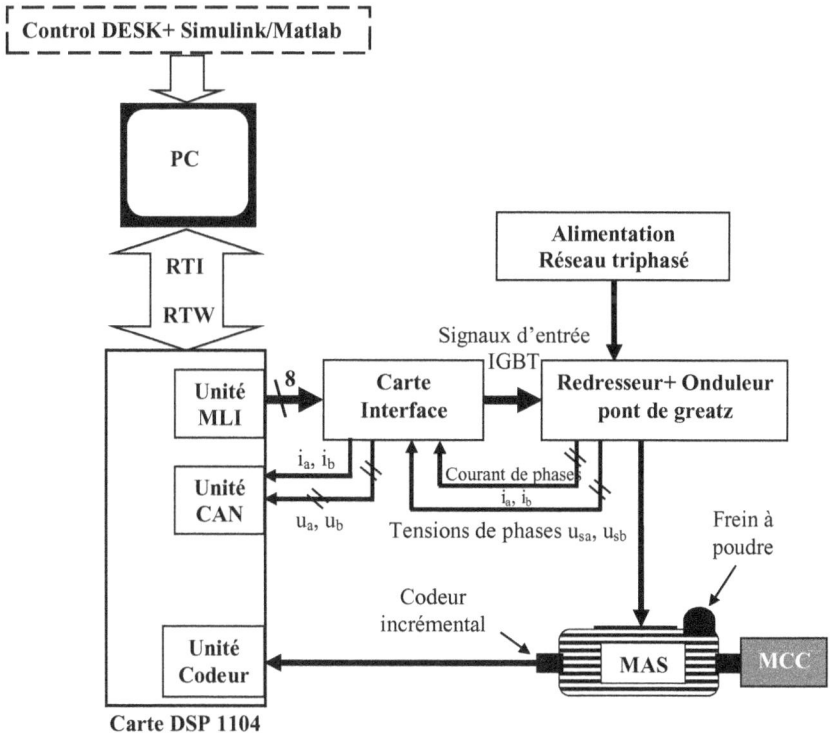

Fig.3.8 Schéma bloc général du banc d'essai expérimental

Référence du flux rotorique (Wb)   Flux de référence (Wb)

temps (s)   temps (s)

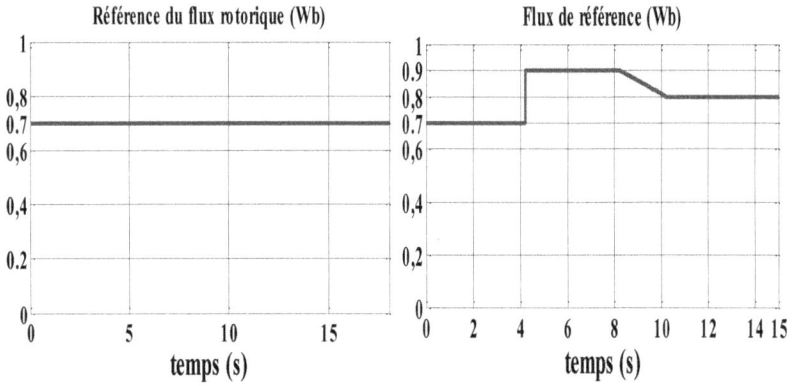

Fig.3.9 Profils de références choisies pour le flux

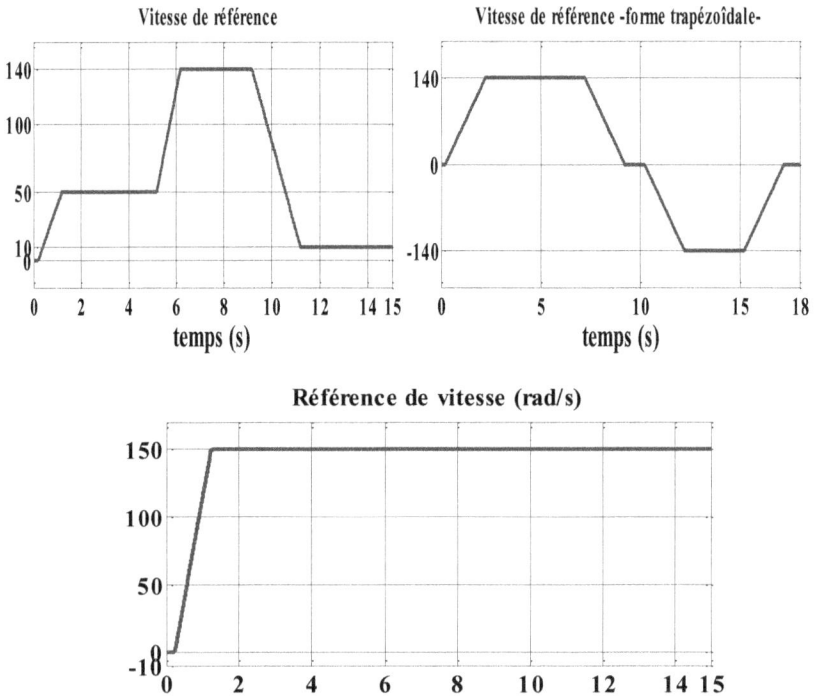

Vitesse de référence   Vitesse de référence -forme trapézoïdale-

temps (s)   temps (s)

Référence de vitesse (rad/s)

Fig.3.10 Profils de références utilisés pour les essais de contrôle de la vitesse

66

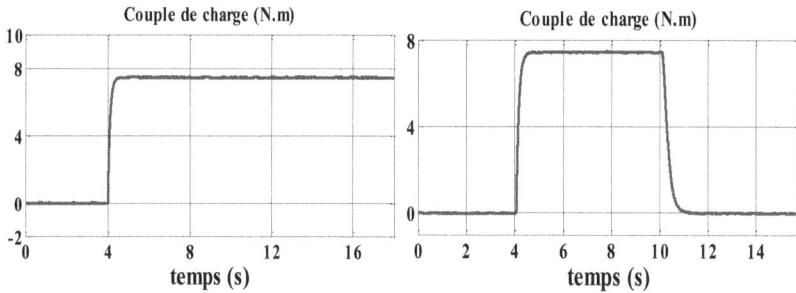

Fig.3.11 Profils de références du couple de charge utilisés

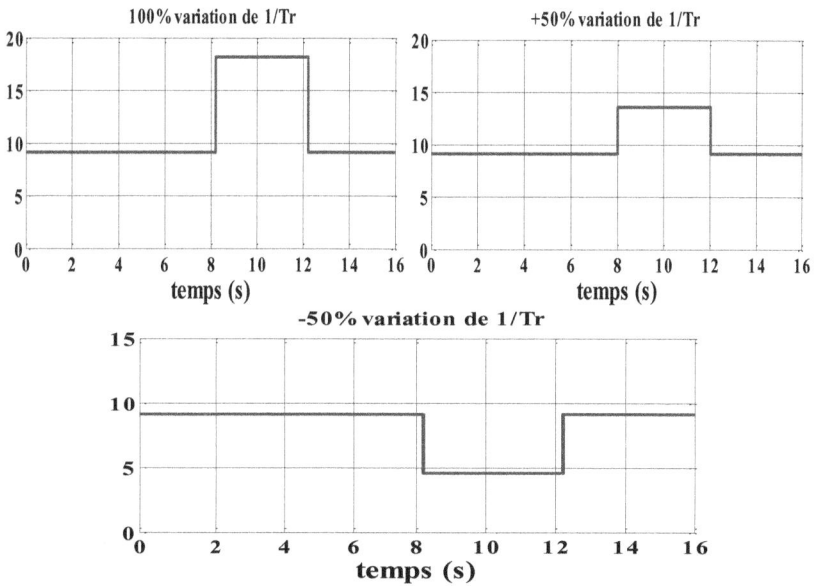

Fig.3.12 Profils de références de $1/T_r$

3.4 Présentation des résultats expérimentaux des commandes mises en œuvre

Plusieurs tests expérimentaux ont été effectués pour les quatre commandes présentées précédemment. Les paramètres de réglage de la commande LMG-MG sur le plan expérimental sont:

$\lambda_{1\omega}$=10, $\lambda_{2\omega}$=1000, $\lambda_{1\varphi}$= 50, $\lambda_{2\varphi}$=4000.

67

3.4.1 Test avec variation du couple de charge

Dans ce test, un couple de charge de 7.8 Nm a été appliqué à l'instant t= 4s puis supprimé à l'instant t= 10s. La référence de la vitesse a la forme d'un échelon avec une faible pente. Le flux de référence est mis à 0.7 Wb. Les résultats obtenus sont les suivants :

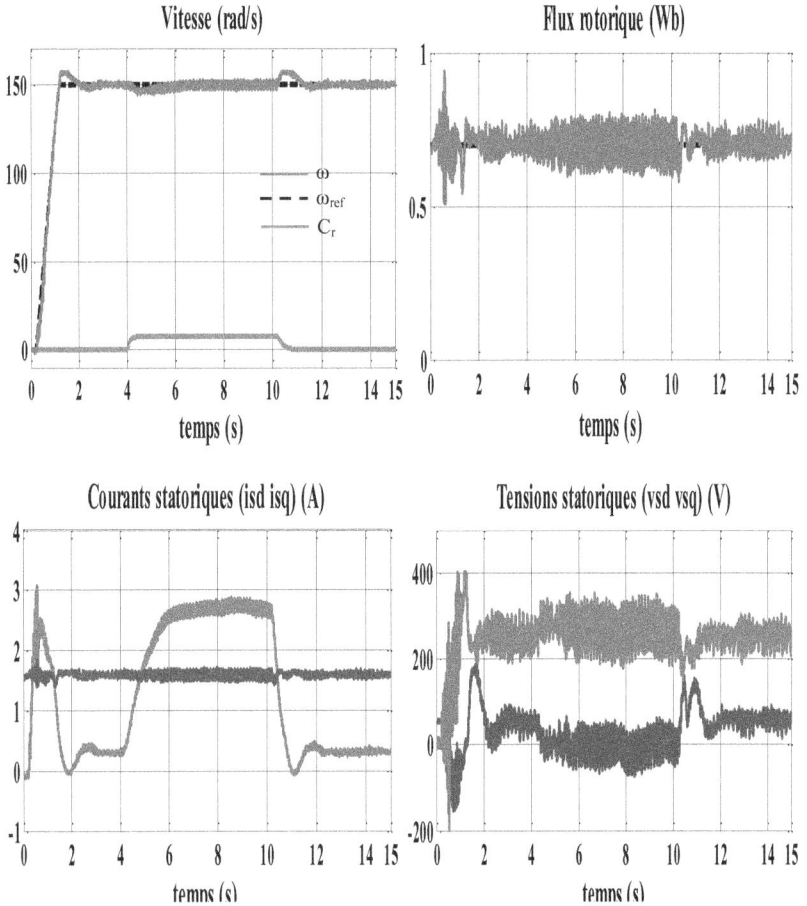

Fig.3.13 Résultats expérimentaux de la commande FOC avec variation de la charge

Durant le démarrage, la vitesse suit sa valeur de référence pour les différentes commandes. Comme le démarrage a lieu à vide, l'allure du courant i_{sq} qui contrôle le couple électromagnétique, c'est-à-dire l'effort de la commande, atteint un maximum inférieur au courant nominal puis revient à une valeur très faible (0.2A) en régime permanent. Cette valeur explique l'existence d'un couple résistant dû au frottement et aussi au couplage avec la machine à courant continu. Le courant i_{sq} se stabilise après l'application de la charge, à une valeur constante inférieure à 3A. Le courant i_{sd} est constant, de valeur 1.8 A. Les tensions u_{sd} et u_{sq} produites par les lois de commande prouvent bien le découplage imposé par les techniques de commande

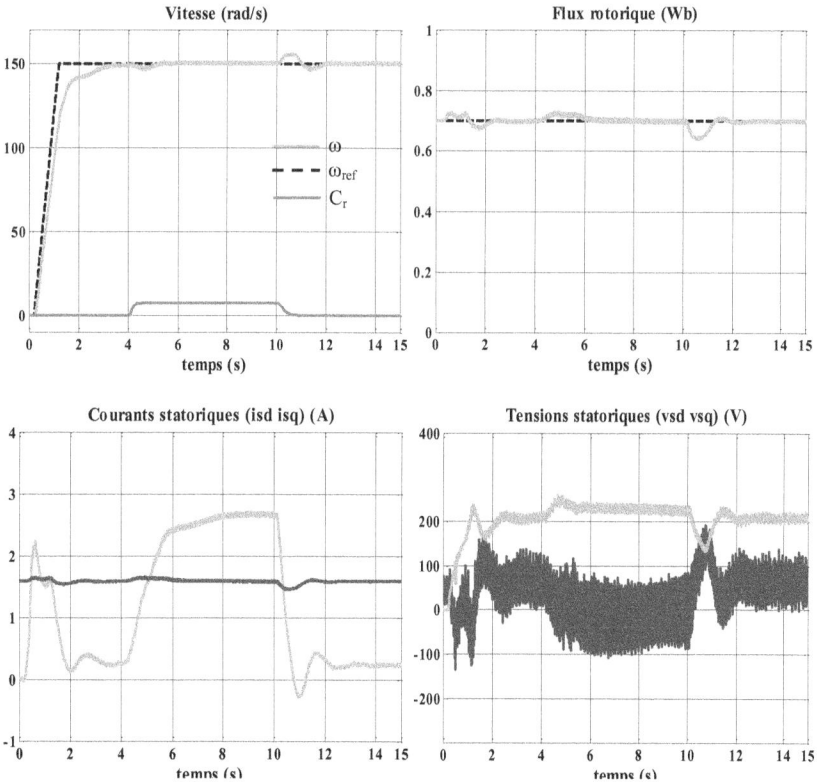

Fig.3.14 Résultats de la commande LMG-PI avec variation de la charge

69

Durant l'application du couple de charge, le courant i_{sq} ne dépasse pas le courant nominal, de même, le courant i_{sd} reste constant ce qui prouve un meilleur découplage entre les axes du repère (d, q). Le module du flux reste confondu avec la composante ϕ_{rd}, ce qui indique que la composante ϕ_{rq} reste pratiquement à zéro.

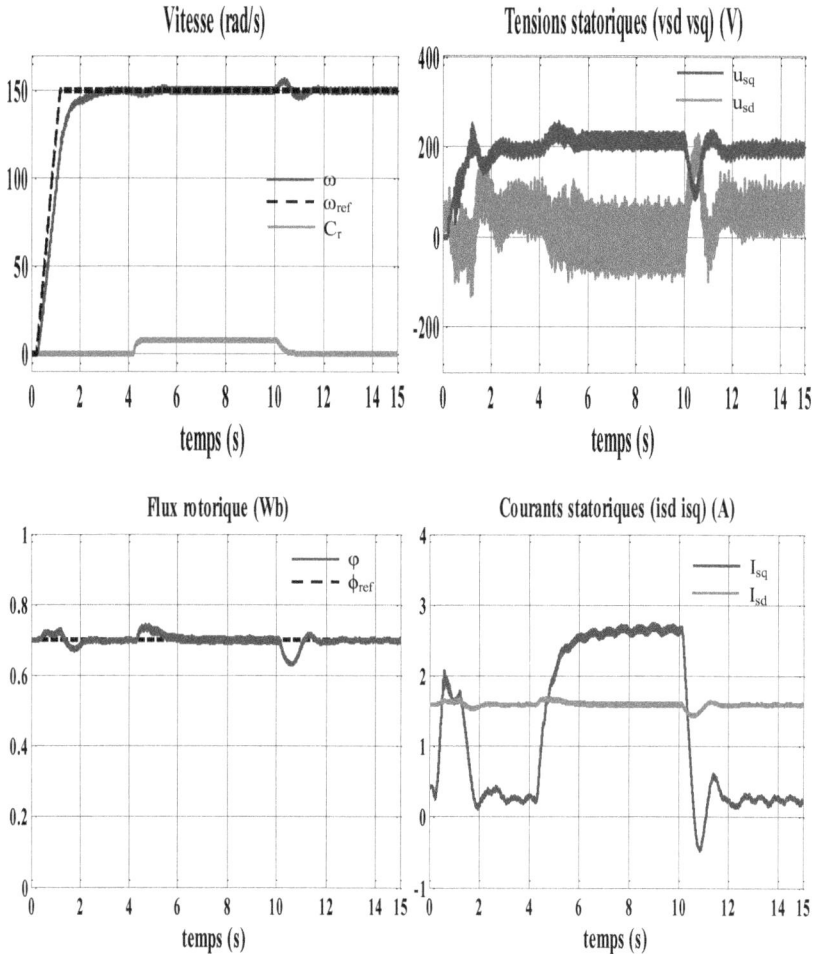

Fig.3.15 Résultats de la commande LMG- H$_\infty$ avec variation de la charge

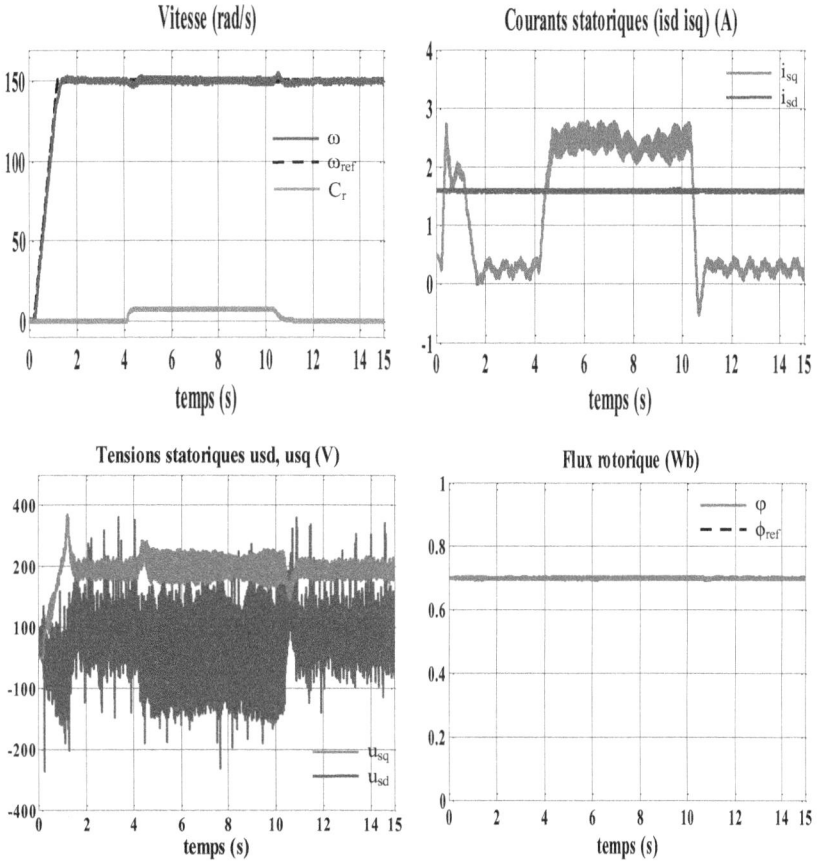

Fig.3.16 Résultats de la commande LMG- MG avec variation de la charge

3.4.2 Test avec variation de la vitesse

Dans ce test, la vitesse varie de 50 rad/s à 140 rad/s puis décroit jusqu'à 10 rad/s avec application de la charge de t=3s jusqu'à t=13s.

En terme de rejet de perturbation, nous remarquons que le couple est bien rejeté en basse vitesse comme à vitesse nominale. Le flux rotorique suit sa référence avec une erreur négligeable. La tension statorique $u_{s\alpha}$, $u_{s\beta}$ dans le repère statorique (α, β) est de forme sinusoïdale un peu bruitée à cause du bruit ou du broutement.

71

L'erreur de vitesse remarquée entre la référence et la vitesse réelle revient à l'effet du filtre utilisé. Il en résulte pour cet essai que le système en boucle fermée répond de façon satisfaisante.

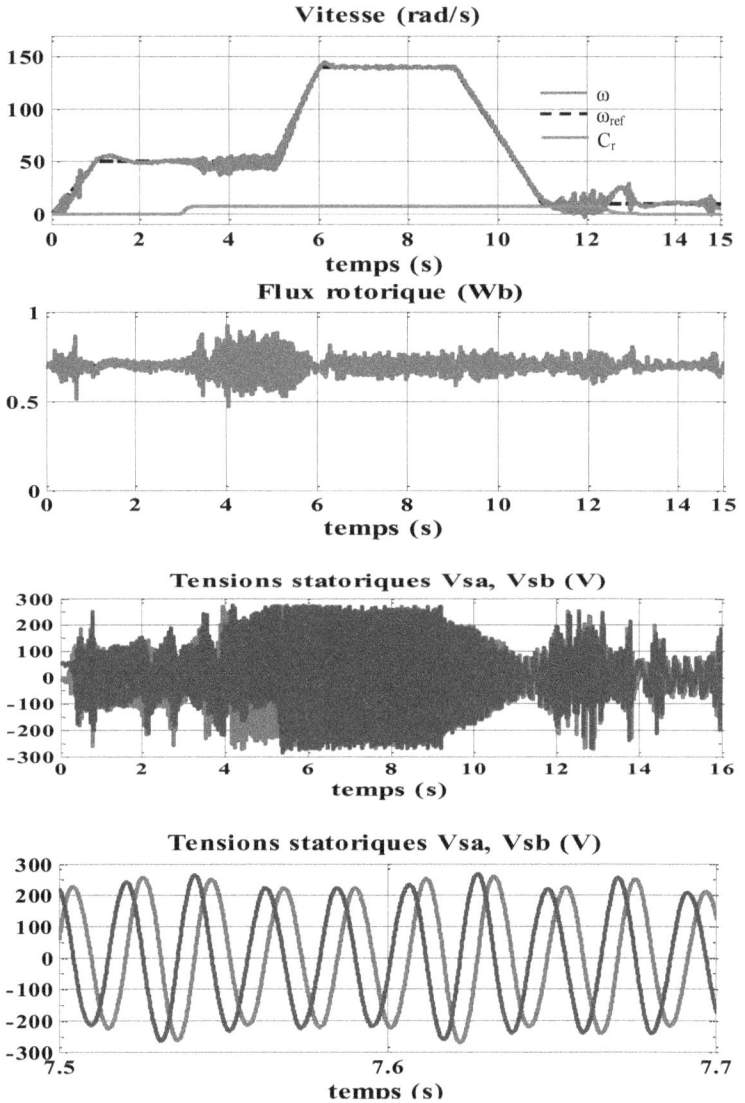

Fig.3.17 Résultats expérimentaux de la commande FOC avec variation de vitesse

72

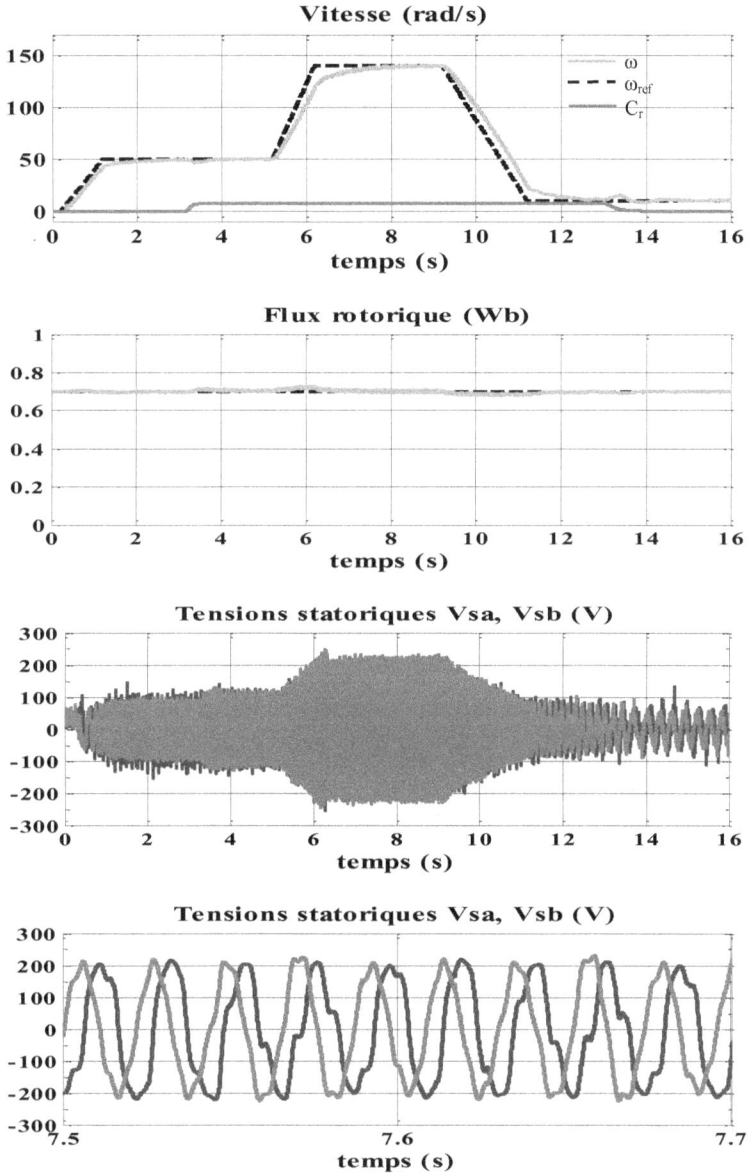

Fig.3.18 Résultats expérimentaux de la commande LMG-PI avec variation de vitesse

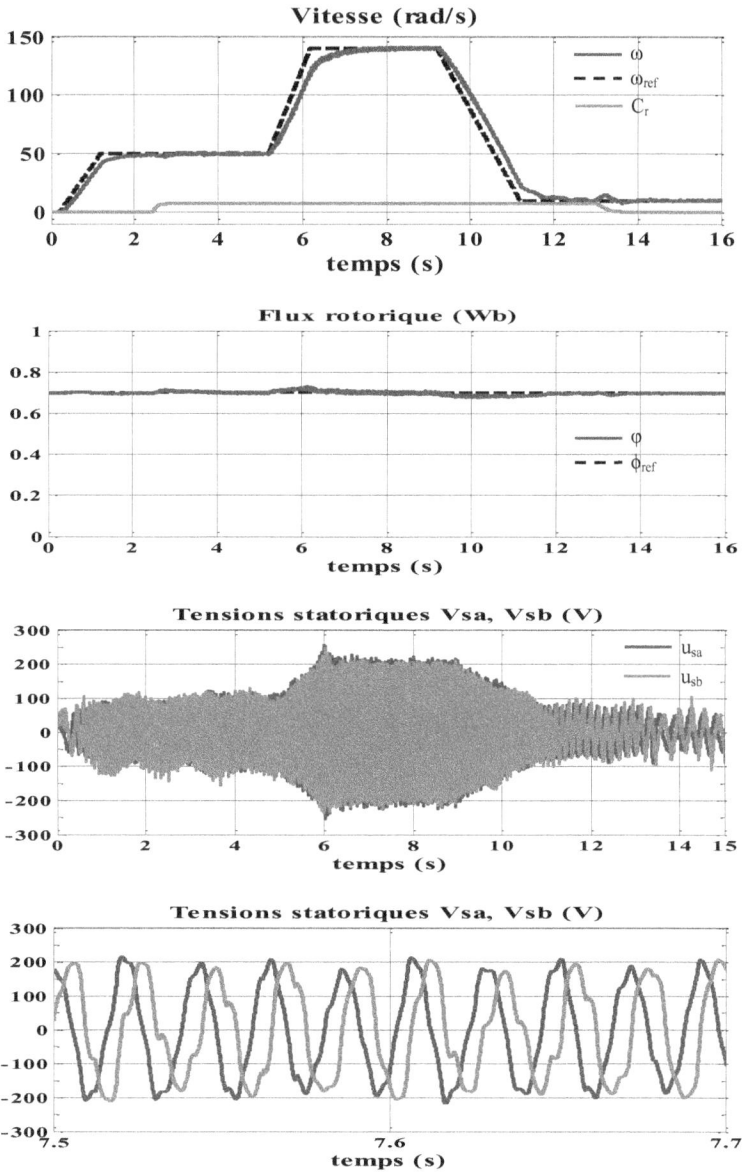

Fig.3.19 Résultats expérimentaux de la commande LMG- H$_\infty$ avec variation de la vitesse

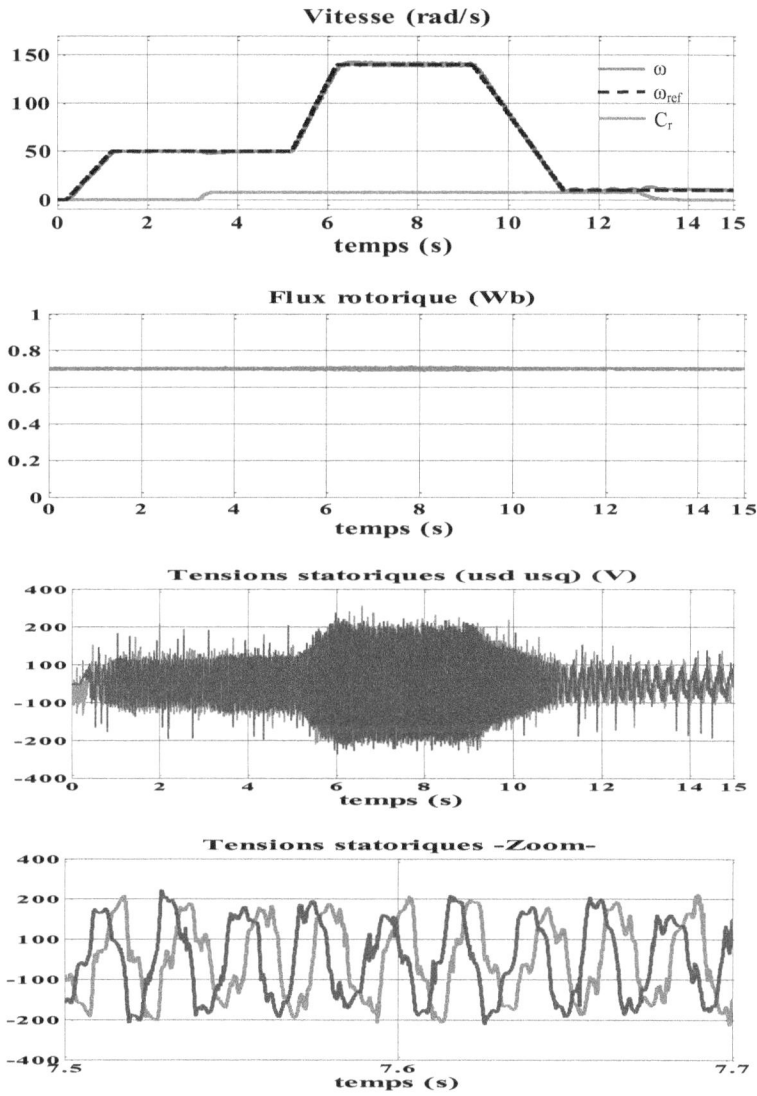

Fig.3.20 Résultats expérimentaux de la commande LMG- MG avec variation de la vitesse

3.4.3 Test avec inversion du sens de rotation de la vitesse

Dans ce test, la variation de la vitesse maintenant est dans le sens inverse. La vitesse passe de 140 rad/s à -140 rad/s en suivant une forme trapézoïdale sous un

75

couple de charge de 7.8 Nm appliqué de t= 4s à t=13s. La vitesse et le flux suivent leurs trajectoires avec un bon rejet de perturbation.

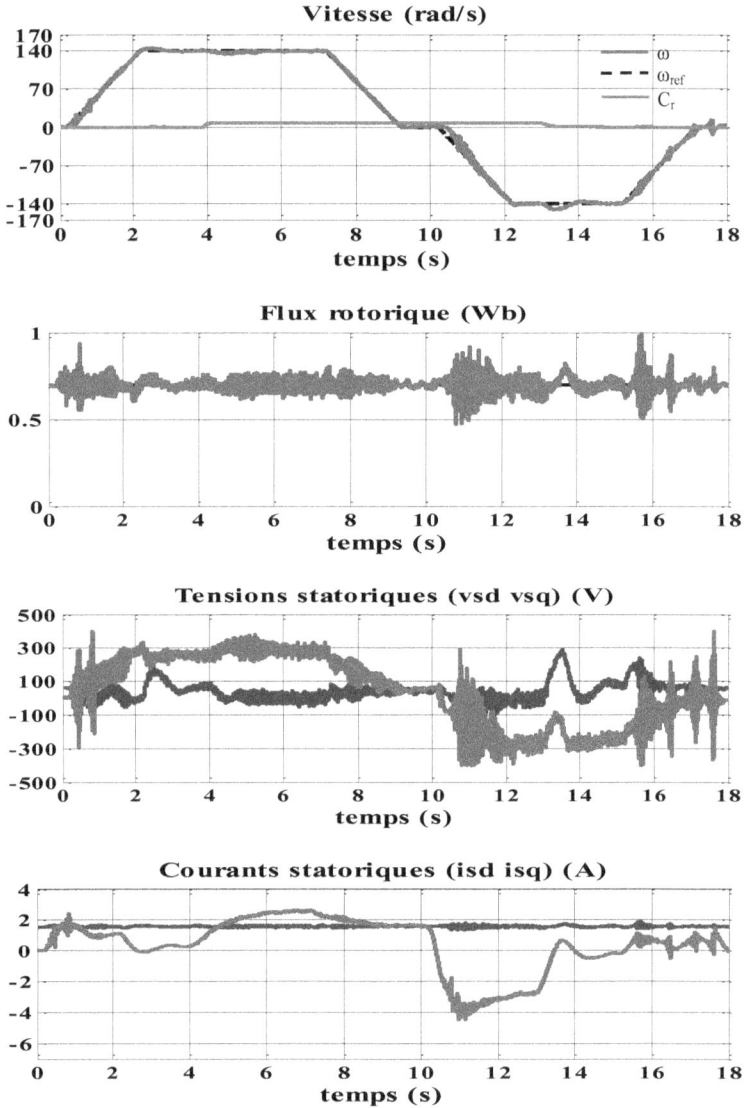

Fig.3.21 Réponses dynamiques de la commande FOC avec inversion du sens de rotation de la vitesse

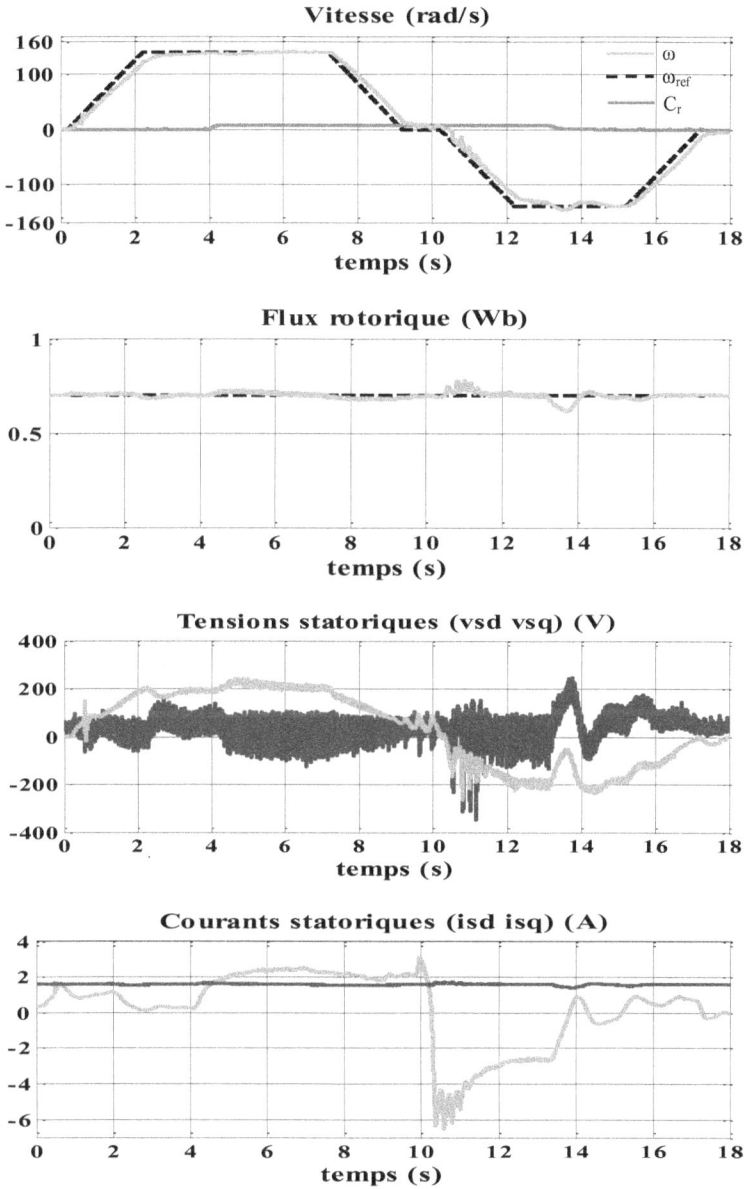

Fig.3.22 Réponses dynamiques de la commande LMG-PI avec inversion de la vitesse

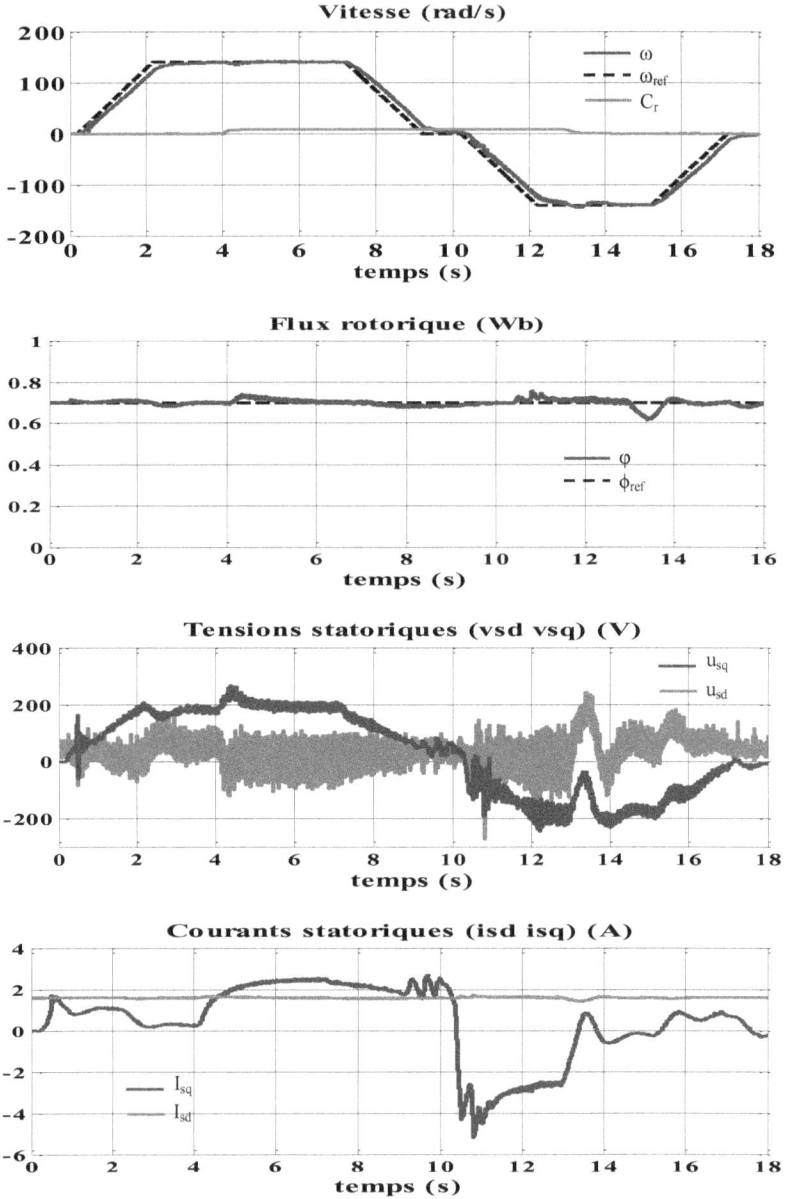

Fig.3.23 Réponses dynamiques de la commande LMG- H∞ avec inversion de la vitesse

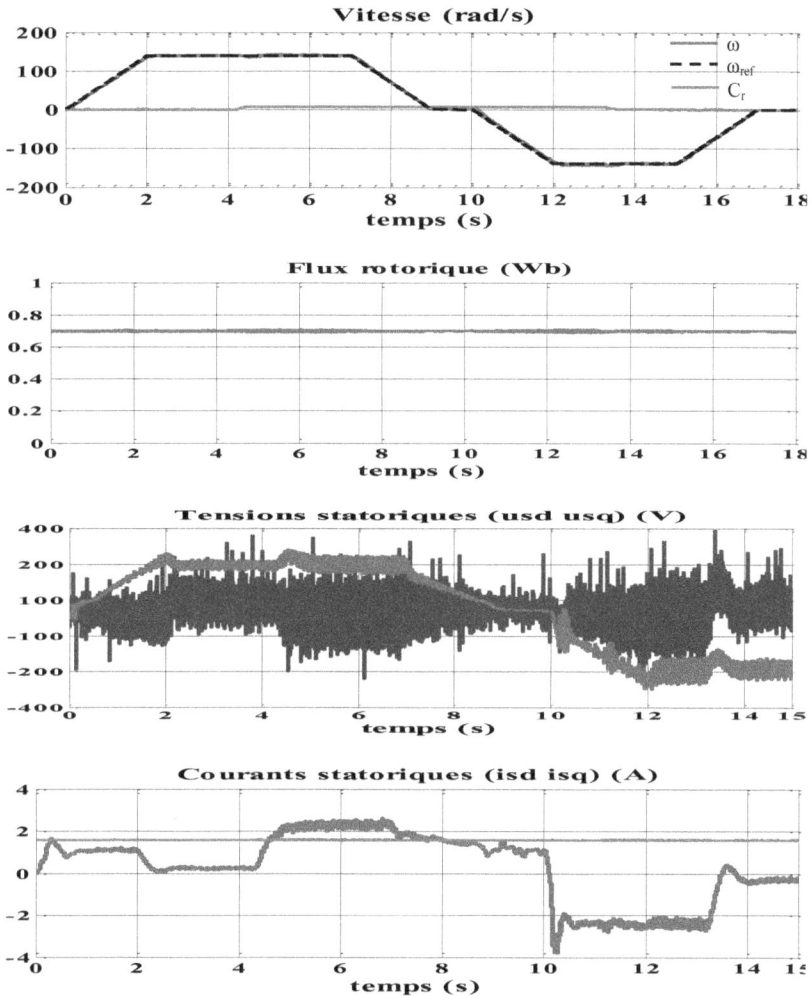

Fig.3.24 Réponses dynamiques de la commande de la LMG- MG avec de inversion de la vitesse

3.4.4 Test avec variation paramétrique

Sur une plate-forme d'essai, en général il est difficile de faire varier les paramètres de la machine testée. Pour vérifier la robustesse, nous avons effectué des variations paramétriques sur la commande par rapport aux valeurs identifiées.

79

Les profils que nous avons utilisés sont présentés par la Fig.3.12. Les figures présentées ci-dessous sont prises avec 100% variation de $1/T_r$ (inverse de la constante de temps rotorique).

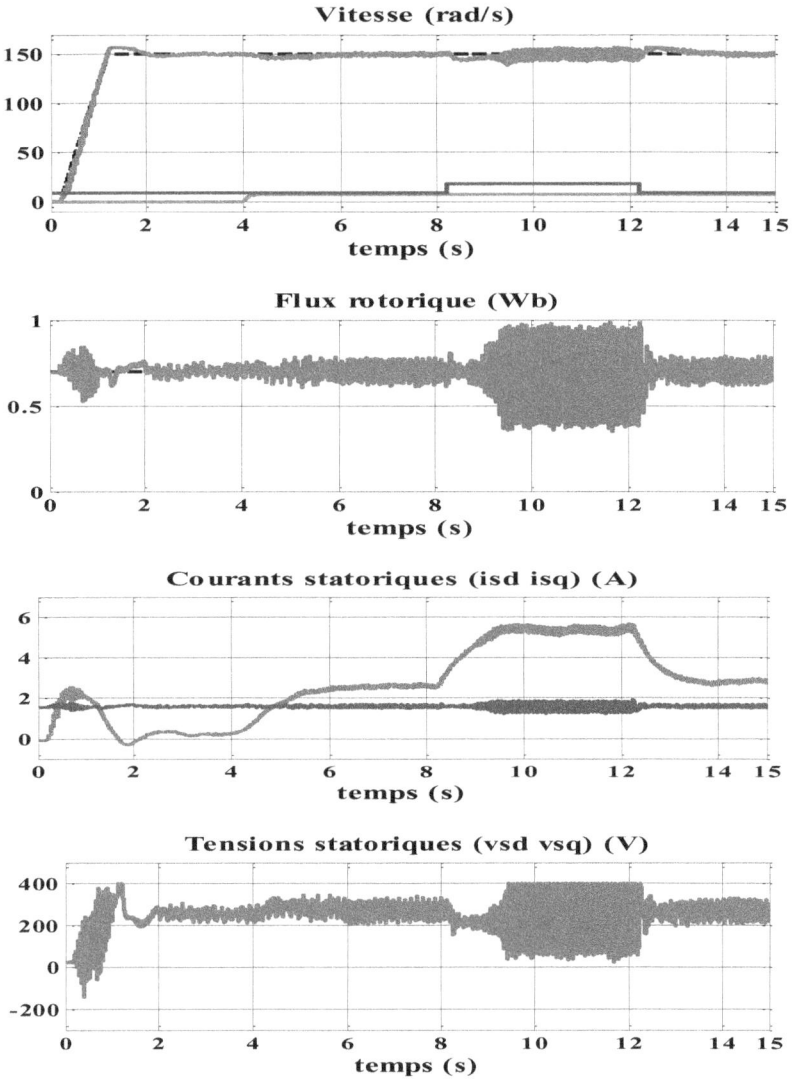

Fig.3.25 Résultats expérimentaux de la commande FOC avec 100% variation de la constante de temps rotorique

Les résultats avec ±50% variation de $1/T_r$ seront présentés dans la comparaison entre les quatre commandes. On remarque que la commande FOC est très sensible à la variation paramétrique et présente une surintensité, le système dans ce cas devient couplé. Par contre, pour les autres commandes, le découplage est toujours vérifié avec un bon rejet de perturbation.

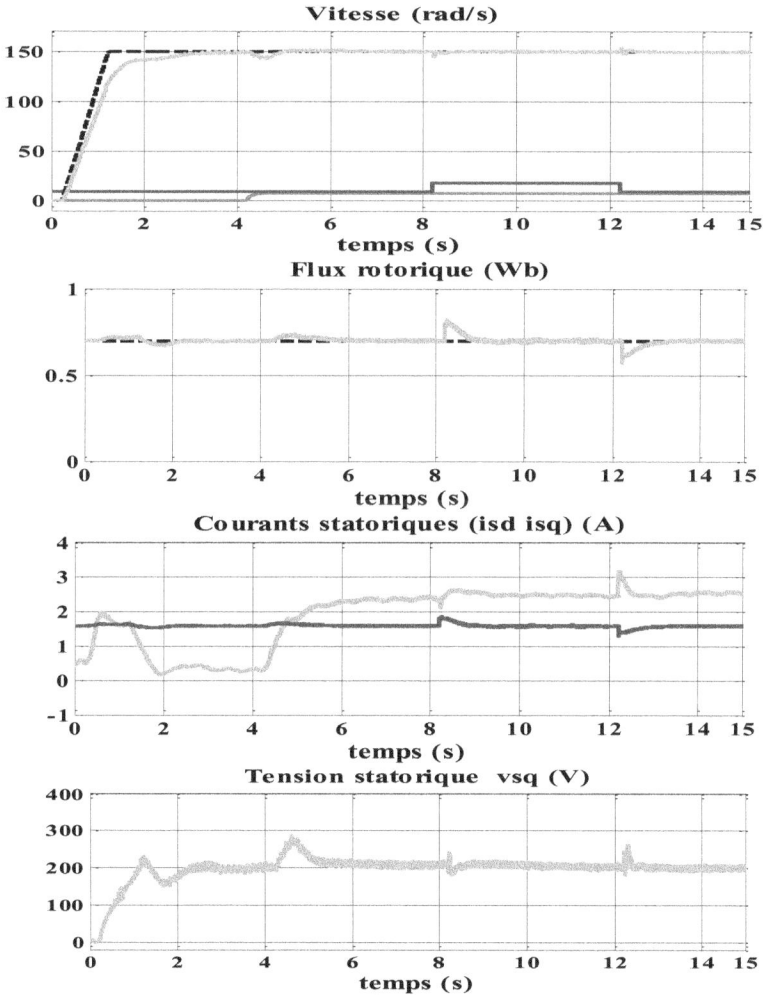

Fig.3.26 Résultats expérimentaux de la commande LMG-PI avec 100% variation de la constante de temps rotorique

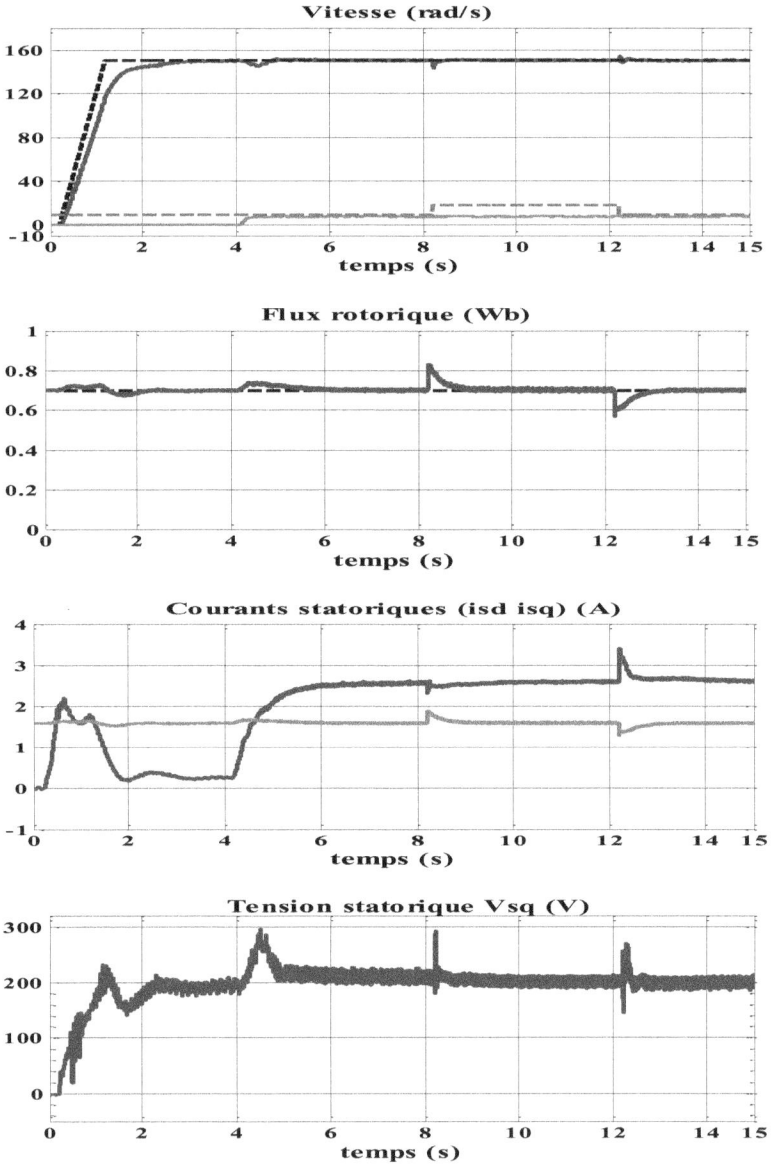

Fig.3.27 Résultats expérimentaux de la commande LMG-H∞ avec 100%
variation de la constante de temps rotorique

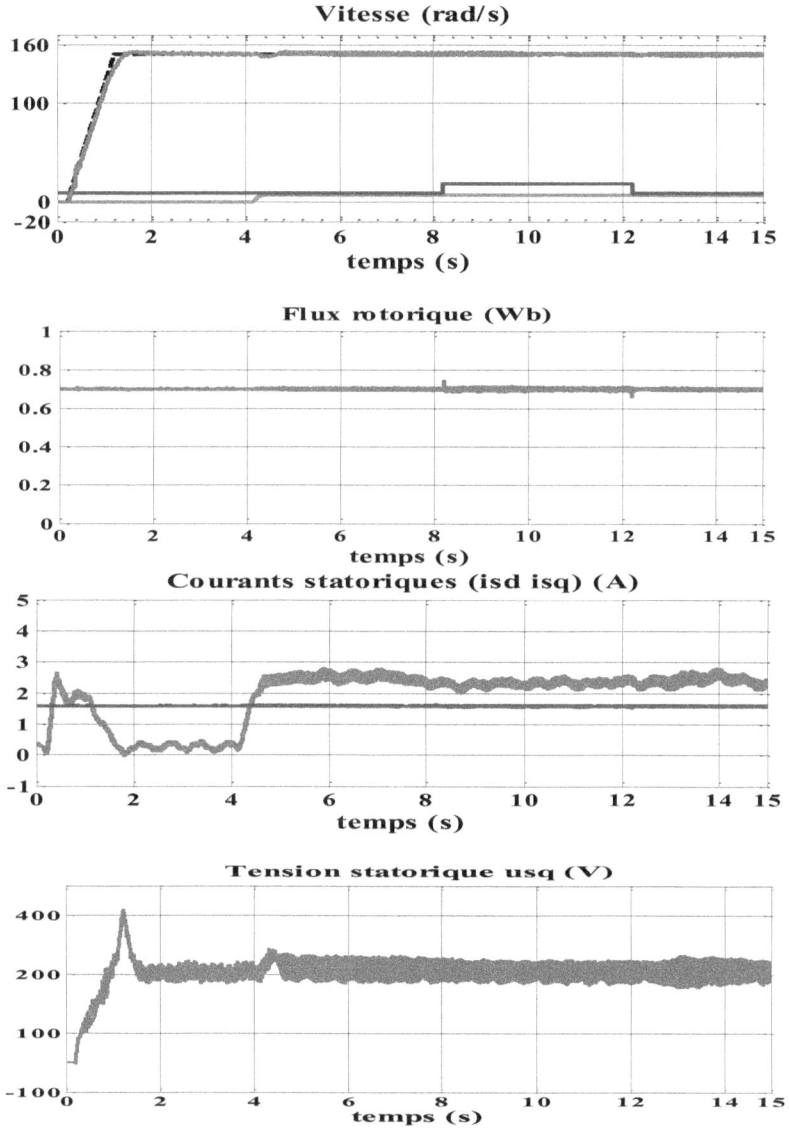

Fig.3.28 Résultats expérimentaux de la commande LMG- MG avec 100%
variation de 1/Tr

3.4.5 Test de variation de flux rotorique

Dans ce test, on a essayé de varier le flux rotorique de 0.6 Wb à 0.9Wb puis à 0.8 Wb pour voir la capacité des commandes à suivre les références. Les résultats obtenus sont satisfaisants, sauf dans le cas de la commande LMG-PI où la vitesse présente une erreur statique.

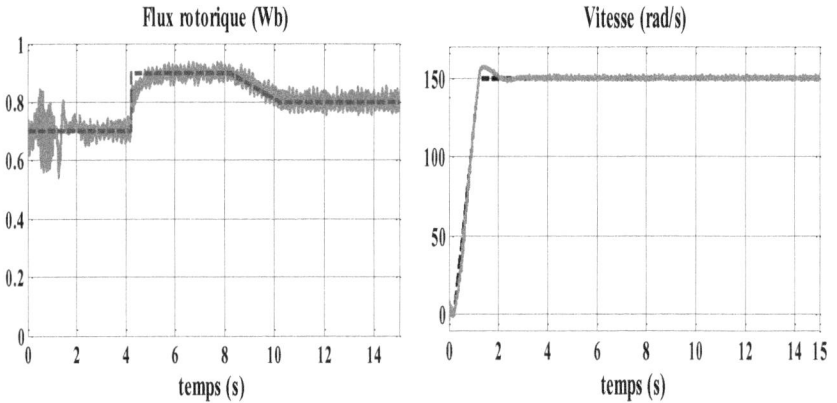

Fig.3.29 Réponse de la vitesse avec variation du flux - Commande FOC

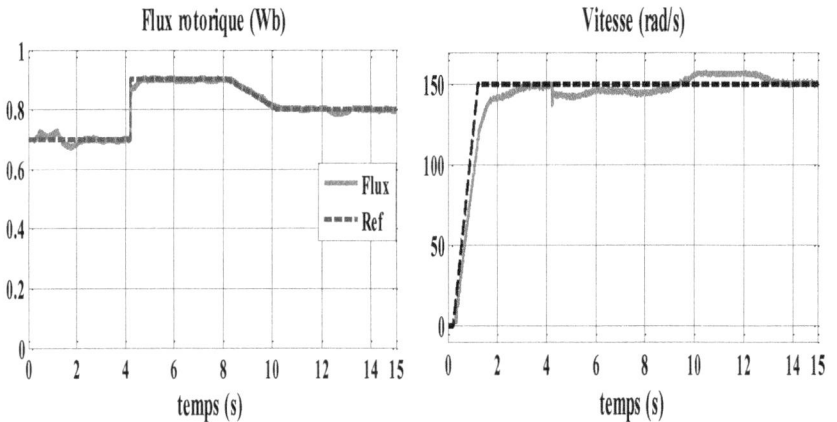

Fig.3.30 Réponse de la vitesse avec variation du flux - Commande LMG-PI-

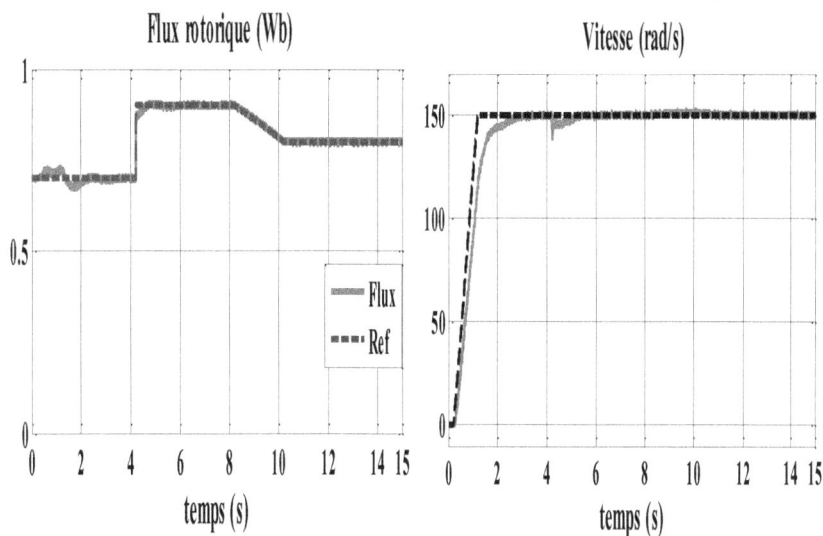

Fig.3.31 Réponse de la vitesse avec variation du flux - Commande LMG-H∞-

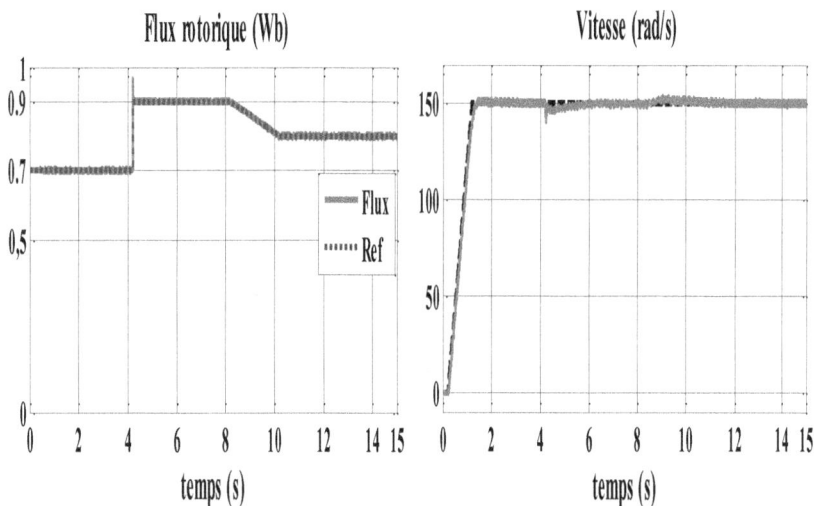

Fig.3.32 Réponse de la vitesse avec variation du flux -Commande LMG-MG-

3.5 Etude comparative des résultats expérimentaux

3.5.1 Comparaison au niveau du régime transitoire

La commande LMG-MG offre une meilleure dynamique avec un temps de réponse plus faible. Le transitoire de la commande FOC est bruité avec un dépassement de 5.5%. Les commandes LMG-PI et H$_\infty$ ont un transitoire lisse et sans dépassement mais un peu lent.

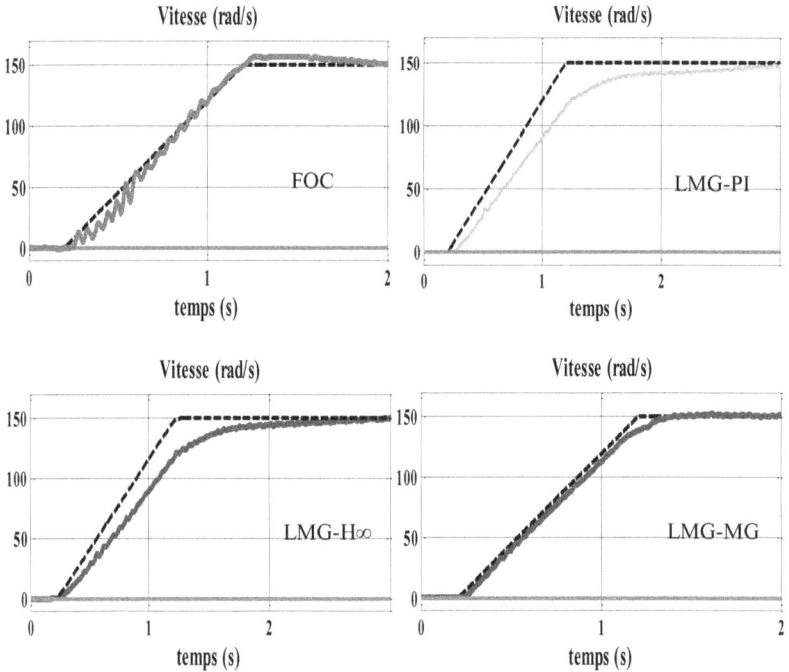

Fig.3.33 Zoom sur les transitoires des commandes

3.5.2 Comparaison au niveau du rejet du couple de charge

L'un des objectifs prioritaires dans notre étude, est d'assurer la réjection du couple de charge. On remarque que, dans les quatre commandes présentées par les Fig.3.(13, 14, 15, 16), l'erreur statique pour le flux et la vitesse est nulle et cela grâce à la présence de la commande discontinue dans la commande LMG-MG et de l'intégrateur dans les trois autres commandes.

En termes de rejet de perturbation, nous remarquons que le couple est bien rejeté, la durée de la rejection t_r diffère d'une commande à une autre et cela est dû à la rapidité de la dynamique de chaque commande. On remarque que la réponse de la commande FOC est beaucoup plus bruitée par rapport aux trois autres commandes. Les réponses obtenues par la commande LMG-MG présentent des oscillations en régime permanent par rapport à celles contrôlées par des correcteurs PI et H_∞ dû au phénomène de broutement. La Fig.3.35 montre que l'erreur de flux est négligeable, permettant de conclure que la commande par LMG-MG est la plus robuste.

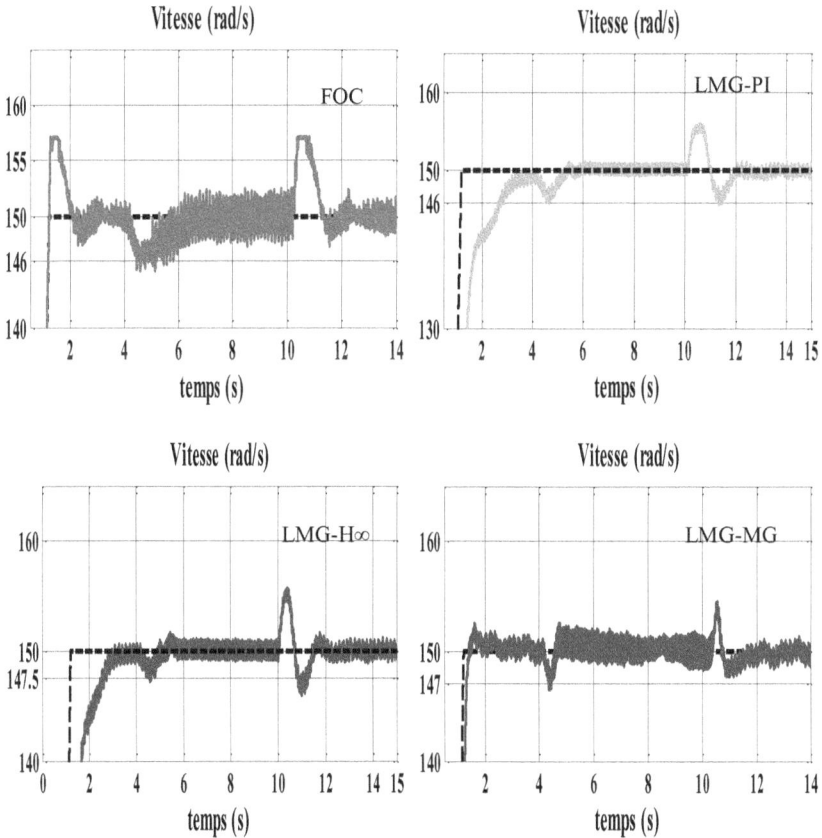

Fig.3.34 Zoom sur les points d'application du couple de charge.

87

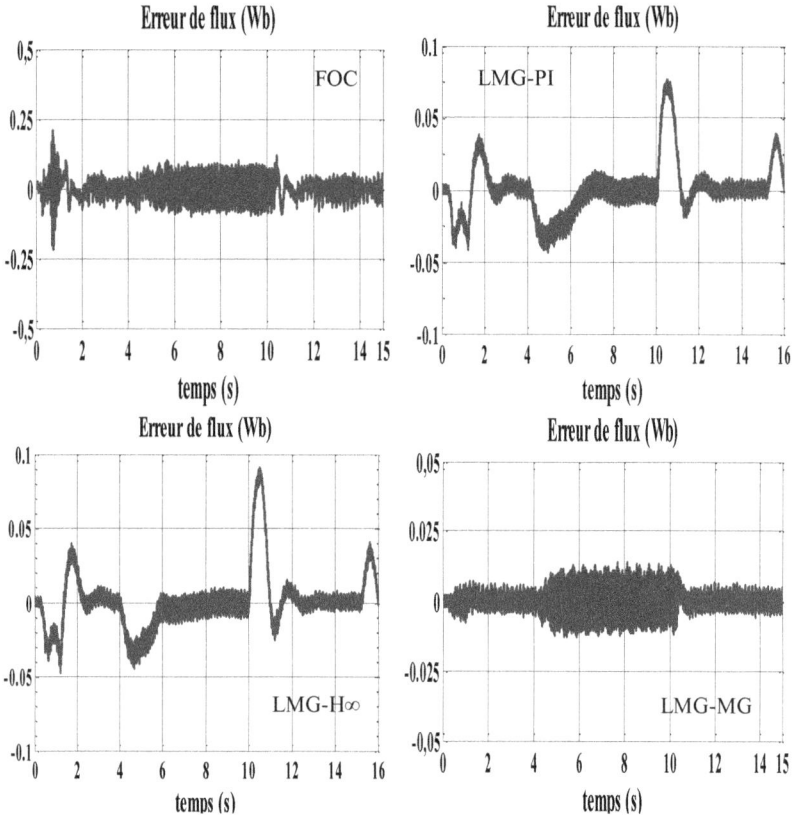

Fig.3.35 Erreur de flux lors de la variation de la charge

3.5.3 Comparaison au niveau de variation de vitesse

En basse vitesse, la réponse par la commande FOC est toujours bruitée. Les commandes testées présentent un bon suivi de référence même à très basse vitesse (10 rad/s). La Fig.3.36 montre un zoom sur la réponse de la vitesse à -140 rad/s. On remarque que la chute de vitesse au point de suppression de la charge est de 9 rad/s pour la commande FOC, 6 rad/s pour LMG-PI et 4 rad/s pour les commandes LMG-H$_\infty$ et LMG-MG avec présence du broutement.

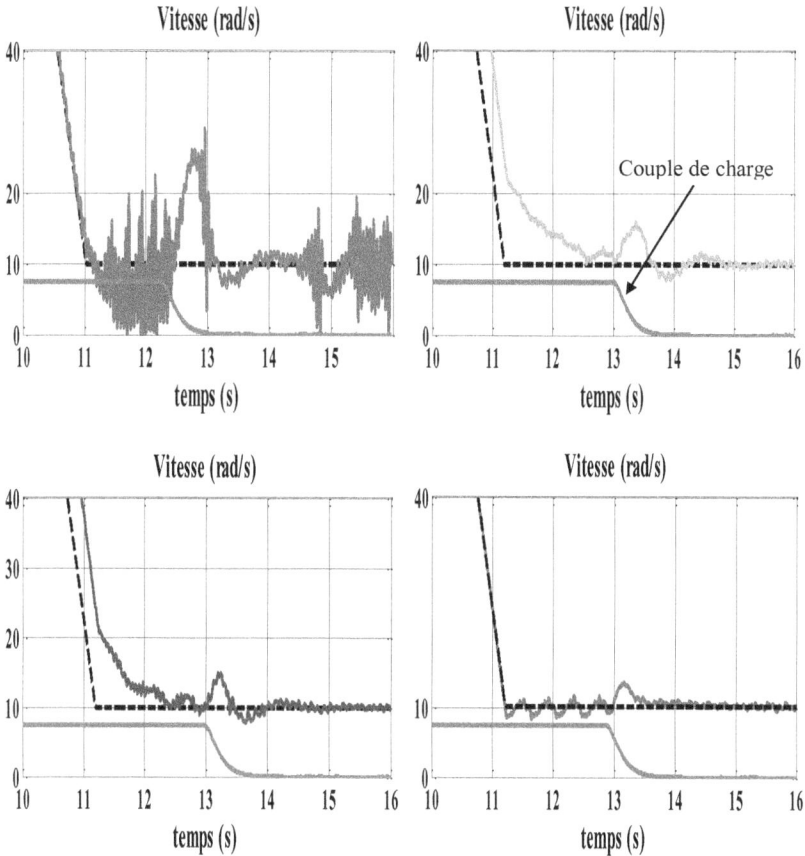

Fig.3.36 Zoom sur les réponses des commandes à la vitesse 10 rad/s en charge

Au moment de l'inversion du sens de rotation de la vitesse, on remarque des pics de courant plus ou moins excessifs arrivant jusqu'a -6A dans le cas de LMG-PI. Les tensions u_{sd} et u_{sq} présentent des oscillations importantes en transitoire dans toutes les commandes, voir Fig.3.(21, 22, 23, 24).

Le flux de la commande FOC est très bruité. La commande LMG-MG présente une erreur statique de flux négligeable.

89

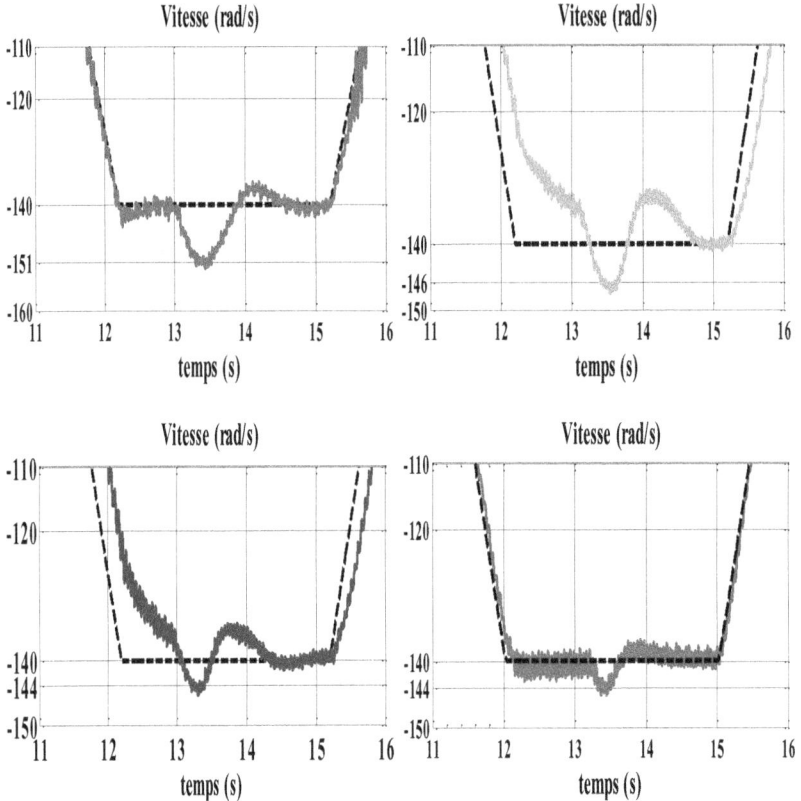

Fig.3.37 Zoom sur les réponses des commandes à la vitesse -140 rad/s en charge

3.5.4 Comparaison au niveau de variation paramétrique

Le courant statorique, montré par la Fig.3.38, est fortement affecté par la variation de la constante de temps rotorique, surtout pour la commande FOC où le courant atteint une valeur maximale. Cette influence est moins forte pour la commande LMG-PI. Par contre, les commandes LMG-MG et LMG-H∞ sont beaucoup plus robustes face aux variations de 1/Tr. L'affectation du courant i_{sq} influe sur le couple électromagnétique ce qui influe sur la vitesse.

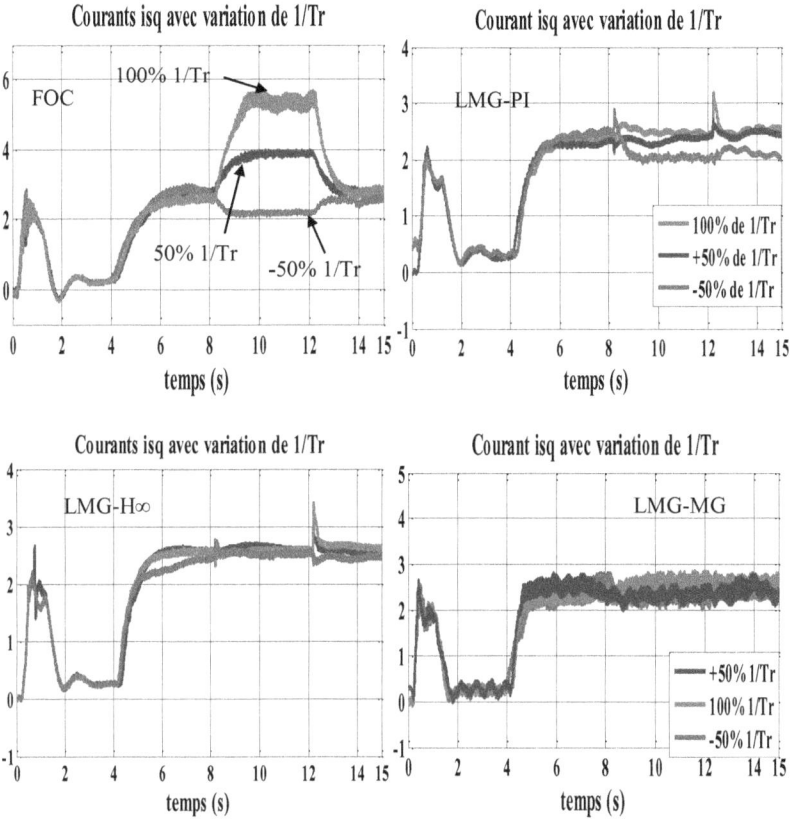

Fig.3.38 Réponses du courant statorique i_{sq} avec variation de $1/T_r$ en charge

La Fig 3.39 montre la réponse de la vitesse au moment de l'application de la variation de $1/T_r$. L'influence est remarquable sur la vitesse des commandes LMG-PI et FOC lorsque la variation est de -50% . Le courant i_{sd} et le flux rotorique ne sont pas affectés par cette variation où les simples perturbations sont rejetées rapidement, Voir Fig.3.19.

Enfin, après avoir effectué les essais comparatifs concernant les différentes techniques étudiées, nous récapitulons, de façon non exhaustive, les performances de ces stratégies dans le tableau.3.1, où le signe (+) correspond à un meilleur comportement par rapport au critère indiqué et un signe (-) correspond à un comportement peu satisfaisant.

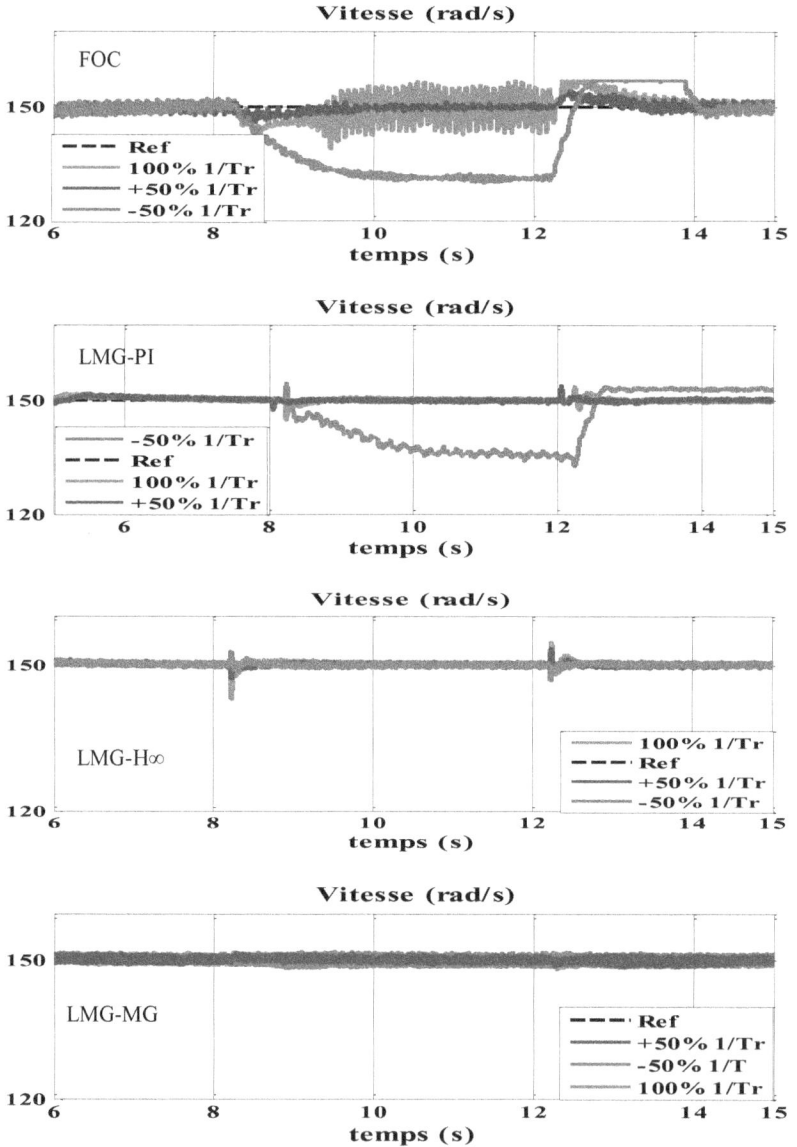

Fig.3.39 Zoom sur les réponses de la vitesse avec variation de 100% et ±50% de 1/T_r en charge

Critères de comparaison	Lois de commande			
	LMG-PI	LMG-H∞	LMG-MG	FOC
Réponse transitoire	+	+	+ + +	-
Suivi de référence	+ +	+ +	+ + +	+ +
Rejet de perturbation	+ +	+ +	+ +	+ +
Robustesse aux variations paramétriques	-	+ + +	+ + +	- - -
Existence du bruit ou du réticence	+ + +	+ + +	-	- - -

Tableau.3.1 Tableau comparatif des lois de commandes

3.6 Conclusion

Dans ce chapitre, les lois de commande élaborées au chapitre précédent ont été testées et validées expérimentalement. Les résultats obtenus ont montrés de bonnes performances dans des conditions de fonctionnement telles que l'application de la charge nominale à vitesse nominale, fonctionnement en basse vitesse et à l'inversion de la vitesse. En termes de robustesse, les qualités des commandes sont testées par rapport à la variation de la constante de temps rotorique. La commande par la technique H_∞ est robuste, mais au prix d'un degré élevé du correcteur réduisant la facilité de son implémentation. De même, la correction par la commande LMG-MG offre une meilleure robustesse en performance et en stabilité, soit en régime transitoire ou permanent mais avec un inconvénient non négligeable lié à la présence du phénomène de broutement.

Du fait de ses propriétés de robustesse vis-à-vis des perturbations et des incertitudes paramétriques, la technique de commande par mode glissant s'avère être une bonne solution. Dans le chapitre suivant, nous proposons le développement d'une lois de commande par modes glissants d'ordre deux et sa validation sur le même banc d'essai expérimental. Cela est motivé par les faits d'aboutir à une convergence en temps fini pour un système de degré relatif égal à deux et aussi de réduire le phénomène de "chattering" pour obtenir de meilleure performance.

Chapitre 4

Commande par mode glissant d'ordre deux

4.1 Introduction

La stratégie de commande par orientation du flux associée à une commande robuste telle que la commande par mode glissant permet une poursuite de la trajectoire du flux avec une grande précision malgré les incertitudes et les perturbations.

L'objectif principal de ce type de commande de nature discontinue est de forcer la dynamique du système à correspondre avec celle définie par la surface de commutation. Cependant, le système en boucle fermée ne glisse pas parfaitement sur la surface de glissement à cause de la commande discontinue qui produit du chattering. Sa présence dégrade la stabilité et la qualité de poursuite des trajectoires et sollicite de manière énergétique les actionneurs. Pour réduire ce phénomène et assurer l'asservissement de la vitesse et du flux de la machine asynchrone, une première solution, sera présentée dans ce chapitre consistant à remplacer la fonction discontinue "sgn" de la loi de commande par une approximation continue « fonction Sat ». De nombreuses études ont été effectuées dans ce sens [Utk99]. Pour des applications sur la machine asynchrone, on peut citer les travaux [Oua97] [Wan99] [Par91] [Shy96]

Une seconde solution proposée est l'utilisation d'une commande par modes glissants d'ordre deux par application de l'algorithme du twisting afin d'assurer la convergence de la surface et sa dérivée vers l'origine dans un temps fini. Cette méthode a été un domaine de recherche important pour plusieurs auteurs. Dans [Boi08] une analyse dans le domaine fréquentiel sur la réponse des contrôleurs par mode glissant du second ordre utilisant l'algorithme du twisting et supertwisting en présence des perturbations externes a été présentée. Dans [Pol09] une conception de la fonction de Lyapunov à partir d'une généralisation de la méthode Zubov a été exposée. La méthode proposée utilise l'algorithme de twisting pour analyser la stabilité et la convergence en temps fini de la dynamique du système. Parmi les auteurs qui ont appliqué la technique du twisting sur la machine asynchrone on trouve [Flo00a] et sur la machine synchrone [Lag06].

Notre contribution pour cette commande est inspirée d'un ensemble de lois de commandes proposées par Arie Levant [Lev07]. Une de ces lois de commande repose sur l'utilisation de deux surfaces de glissement, la première faisant converger le système en temps fini vers la deuxième surface. Une fois la surface suivante atteinte, le système peut quitter la surface d'origine. L'état du système transite donc de la première surface à la deuxième jusqu'à atteindre l'origine, en temps fini. La convergence et la stabilité du système sont vérifiées par la fonction de Lyapunov.

Notre objectif, dans ce chapitre, est de construire des lois de commande pour forcer la vitesse et la norme du flux rotorique, à rejoindre la surface de glissement en présence d'incertitudes avec un minimum de réticence.

Dans ce chapitre, les résultats de leurs implantations sur le banc d'essai expérimental seront exposés.

4.2 Commande du moteur asynchrone par mode glissant d'ordre un

Pour comparer les résultats avec ceux du mode glissant d'ordre supérieur (deux), la commande par mode glissant d'ordre un est appliquée sur le modèle non linéaire de la machine asynchrone avec orientation du flux rotorique comme dans [Ben01], [Aga05] et [Qin06]. Dans [Aga05], une combinaison de cette commande avec la technique floue, sans orientation du flux et une loi d'adaptation sont mis en place pour minimiser l'effet du chattering. Aussi, dans [Qin06] a été introduite la même commande avec orientation du flux rotorique combinée à un contrôle direct du couple (DTC) et avec une surface de glissement de forme proportionnelle intégrale pour avoir une réponse lisse. Dans ce qui suit la fonction "Sat" a été utilisée pour réduire le phénomène de chattering.

Soit le modèle du moteur avec flux orienté donné par (2.09) sous forme matricielle:

$$\dot{x} = f(x) + g(x)u_s \tag{4.01}$$

$$f(x) = \begin{bmatrix} f_1(x) \\ f_2(x) \\ f_3(x) \\ f_4(x) \end{bmatrix} = \begin{bmatrix} -\delta i_{sd} + \omega_s i_{sq} + \alpha\beta\phi_{rd} \\ -\omega_s i_{sd} - \delta i_{sq} - \beta p\omega\phi_{rd} \\ \alpha M i_{sd} - \alpha\phi_{rd} \\ \mu\phi_{rd}i_{sq} - \frac{F}{J}\omega - \frac{C_r}{J} \end{bmatrix} \quad,$$

$$g(x) = \begin{bmatrix} g_1 & 0 \\ 0 & g_2 \\ 0 & 0 \\ 0 & 0 \end{bmatrix} = \begin{bmatrix} \frac{1}{\sigma L_s} & 0 \\ 0 & \frac{1}{\sigma L_s} \\ 0 & 0 \\ 0 & 0 \end{bmatrix}$$

Les composantes de la fonction $f(x)$ sont des fonctions non linéaires

La surface de glissement choisie est définie par :

$$S(x) = ke + \dot{e} \,, \quad k > 0 \tag{4.02}$$

Telle que : $S = \begin{bmatrix} s_\omega, s_\varphi \end{bmatrix}^T$, $e = \begin{bmatrix} e_\omega \\ e_\varphi \end{bmatrix} = \begin{bmatrix} \omega - \omega_{ref} \\ \varphi - \varphi_{ref} \end{bmatrix}$, $\varphi = \phi_{rd}^2$, $k = \begin{bmatrix} k_1 & 0 \\ 0 & k_2 \end{bmatrix}$

Où e est l'erreur entre respectivement la valeur mesurée de la vitesse ω , la valeur estimée du carré du module du flux φ et leurs références ω_{ref} et φ_{ref} .

Pour une bonne poursuite de vitesse et de flux, il est important de rendre la surface invariante ($\dot{S}(x) = 0$) et attractive ($S^T\dot{S} < 0$).

La dérivée de la surface donne :

$$\dot{S}(x) = k\dot{e} + \ddot{e} = Q(x) + R(x)u_s \qquad (4.03)$$

Où $Q(x) = \begin{bmatrix} q_1(x) \\ q_2(x) \end{bmatrix}$, $R(x) = -\frac{\phi_{rd}}{\sigma L_s}\begin{bmatrix} 0 & \mu \\ 2\alpha M & 0 \end{bmatrix}$

$$q_1(x) = (k_1 - \frac{F}{J})\dot{\omega} - k_1\dot{\omega}_{ref} + \mu[\alpha M i_{sd} i_{sq} - (\alpha + \delta)\phi_{rd} i_{sq} -$$

$\omega s\phi rdisd - p\beta\omega\varphi - Cr] - \ddot{\omega}ref$

$$q_2(x) = k_2\dot{\varphi} - k_2\dot{\varphi}_{ref} + 2\alpha M[\alpha M i_{sd}^2 - (3\alpha + \delta)\phi_{rd} i_{sd} + \omega_s\phi_{rd} i_{sq}] +$$

$2\alpha^2(\beta M + 2)\varphi - \ddot{\varphi}_{ref}$

La surface S=0 est invariante si $\dot{S} = 0$:

$Q(x) + R(x)u_{eq} = 0$, on peut donc déduire la composante équivalente comme suit:

$$u_{eq} = -[R(x)]^{-1}Q(x)$$

Pour que la surface S soit attractive on peut choisir u_{glis} sous la forme suivante:

$$u_{glis} = -[R(x)]^{-1}\left(\begin{bmatrix} \lambda_\omega & 0 \\ 0 & \lambda_\varphi \end{bmatrix}\begin{bmatrix} sng(s_\omega) \\ sng(s_\varphi) \end{bmatrix} + \begin{bmatrix} k_\omega s_\omega \\ k_\varphi s_\varphi \end{bmatrix}\right)$$

avec λ_ω, λ_φ, k_ω et k_φ des constantes positives choisies tel que:

$$\begin{cases} \lambda_\omega \ et \ k_\omega > |q_1(x)| \\ \lambda_\varphi \ et \ k_\varphi > |q_2(x)| \end{cases}$$

En mode de glissement l'équation (4.02) devient :

$$\dot{e}_\omega = -k_1 e_\omega$$
$$\dot{e}_\varphi = -k_2 e_\varphi$$

Donc, à partir de cet instant les erreurs de poursuite en vitesse e_ω et en flux e_φ convergent exponentiellement vers 0

Pour réduire le phénomène de réticence, on a remplacé la fonction signe par la fonction sat(s) donnée par (1.32) et la loi de commande par mode glissement u donnée par : $u = u_{eq} + u_{glis}$ devient:

$$u = -[R(x)]^{-1}\left(Q(x) + \begin{bmatrix} \lambda_\omega & 0 \\ 0 & \lambda_\varphi \end{bmatrix}\begin{bmatrix} sat(s_\omega) \\ sat(s_\varphi) \end{bmatrix} + \begin{bmatrix} k_\omega s_\omega \\ k_\varphi s_\varphi \end{bmatrix}\right) \qquad (4.04)$$

4.3 Commande par mode glissant d'ordre deux

Pour concevoir une commande par modes glissants d'ordre deux garantissant des performances robustes en présence de variations paramétriques et de perturbations, on considère le modèle du moteur asynchrone donné par la forme :

$$\dot{x} = \hat{f}(x) + \Delta f(x) + (\hat{g}(x) + \Delta g(x))u_s \qquad (4.05)$$

Où $\hat{f}(x)$ et $\hat{g}(x)$ constituent les parties nominales et Δf et Δg représentent les incertitudes tels que $\Delta f = [\Delta f_1 \quad \Delta f_2 \quad \Delta f_3 \quad \Delta f_4]^T$, $\Delta g = \begin{bmatrix} \Delta g_1 & 0 & 0 & 0 \\ 0 & \Delta g_2 & 0 & 0 \end{bmatrix}^T$

Le vecteur de commande est u_s tel que : $u_s \leq |u|_{max}$

4.3.1 Commande par l'algorithme du *twisting*

Pour élaborer la loi de commande selon l'algorithme du *twisting*, nous avons choisi la surface de glissement S de telle sorte que le degré relatif soit égal à deux.

$$S = \begin{pmatrix} s_1 \\ s_2 \end{pmatrix} = \begin{pmatrix} \omega - \omega_{ref} \\ \varphi - \varphi_{ref} \end{pmatrix} \qquad (4.06)$$

ω_{ref} et φ_{ref} correspondent aux trajectoires de références définies plus haut.

L'algorithme de *twisting* (détaillé au chapitre.2.) est appliqué à la commande u_s pour forcer les trajectoires du système à évoluer au bout d'un temps fini sur la surface S et générer un régime glissant d'ordre deux tel que $S = \dot{S} = 0$

La dérivée seconde de S permet d'obtenir:

$$\ddot{S} = h(x) + b(x)u_s = \hat{h}(x) + \Delta h + (\hat{b}(x) + \Delta b)u_s \qquad (4.07)$$

avec:

$$h(x) = \begin{bmatrix} h_1(x) \\ h_2(x) \end{bmatrix} = \begin{bmatrix} \hat{h}_1(x) \\ \hat{h}_2(x) \end{bmatrix} + \begin{bmatrix} \Delta h_1 \\ \Delta h_2 \end{bmatrix},$$

$$b(x) = \begin{bmatrix} 0 & b_1(x) \\ b_2(x) & 0 \end{bmatrix} = \begin{bmatrix} 0 & \hat{b}_1(x) \\ \hat{b}_2(x) & 0 \end{bmatrix} + \begin{bmatrix} 0 & \Delta b_1 \\ \Delta b_2 & 0 \end{bmatrix}$$

$$\hat{h}_1(x) = \mu[\alpha M i_{sd} i_{sq} - (\alpha + \delta)\phi_{rd} i_{sq} - \omega_s \phi_{rd} i_{sd} - p\beta\omega\varphi] - \frac{\dot{C_r}}{J} - \frac{F}{J}\dot{\omega} - \ddot{\omega}_{ref}$$

$$\Delta h_1 = \mu[\phi_{rd}\Delta f_2 + i_{sq}\Delta f_3] - F\Delta f_4 + \dot{\Delta f_4}$$

98

$$\hat{h}_2(x) = 2\alpha M\left[\alpha M i_{sd}^2 - (3\alpha + \delta)\phi_{rd} i_{sd} + \omega_s \phi_{rd} i_{sq}\right] + 2\alpha^2(\beta M + 2)\varphi -$$

$$\ddot{\varphi}_{ref}$$

$$\Delta h_2 = \Delta f_3\left(4\alpha M i_{sd} - 6\alpha\phi_{rd} + \Delta f_3\right) + 2\alpha M\phi_{rd}\Delta f_1 + 2\phi_{rd}\dot{\Delta f_3}$$

$$\hat{b}_1(x) -= \mu g_2 \phi_{rd}$$

$$\hat{b}_2(x) = 2\alpha M g_1 \phi_{rd}$$

$$\Delta b_1 = \mu \phi_{rd} \Delta g_2$$

$$\Delta b_2 = 2\alpha M \phi_{rd} \Delta g_1$$

On suppose que $|\Delta h_1|$, $|\Delta h_2|$, $|\Delta b_1|$ et $|\Delta b_2|$ sont bornés. Le couple de charge C_r doit aussi être borné ainsi que sa première dérivée. La commande finale proposée utilisant le retour d'état statique est donnée par:

$$u = \hat{b}^{-1}(x)[-\hat{h}(x) + v]$$

$\hat{b}(x)$ est inversible et $v = [v_1 \quad v_2]^T$ considérée comme la nouvelle commande du système.

En remplaçant u, l'équation (4.7) s'écrit:

$$\ddot{S} = \left(\Delta h - \Delta b\, \hat{b}^{-1}\hat{h}\right) + \left(1 + \Delta b\hat{b}^{-1}\right)v$$

Supposons q²ue les fonctions suivantes sont bornées, $\forall\ v$, telle que:

$$0 < K_{mi} \leq \left(1 + \Delta b_i\, \hat{b}_i^{-1}\right) \leq K_{Mi}$$
$$\left|\left(\Delta h_i - \Delta b_i\, \hat{b}_i^{-1}\hat{h}_i\right)\right| < C_{0i} \quad,\ i = 1,2$$

avec K_{mi}, K_{Mi}, et C_{0i} des constantes positives

Dans ces conditions, il est possible d'appliquer l'algorithme du *twisting*.

La commande v est alors définie par :

$$v_i = \begin{cases} -\lambda_{mi} sgn(s) & si\ s_i\dot{s}_i \leq 0 \\ -\lambda_{Mi} sgn(s) & si\ s_i\dot{s}_i > 0 \end{cases},\ i = 1,\ 2$$

Où λ_{mi}, λ_{Mi} sont des constantes positives vérifiant les conditions suivantes [Lev93]:

$$0 < \lambda_{mi} < \lambda_{Mi},\ \lambda_{mi} > 4\frac{K_{Mi}}{s_0},\ \lambda_{mi} > \frac{C_{0i}}{K_{mi}},\ K_{mi}\lambda_{Mi} - C_{0i} > K_{Mi}\lambda_{mi} + C_{0i}$$

Pour sa mise en œuvre nous avons besoin du signe de la dérivée de la surface S qui peut être obtenu, soit par la fonction Matlab (du/dt), soit estimé dans un intervalle de temps par le signe de l'expression $s(t) - s(t - \tau)$ où τ est la période d'échantillonnage.

4.3.2 Commande par MG- 2ème ordre proposée

Dans cette partie, nous proposons une nouvelle loi de commande par mode glissant d'ordre deux pour le système défini par (4.05) en supposant, en premier lieu, que les incertitudes Δf et Δg sont négligeables. L'idée pour la loi de commandes proposées repose sur l'utilisation de deux surfaces de glissement σ et S. L'état du système transite de la première surface σ à la deuxième surface S et atteindre l'origine, en temps fini.

Afin de concevoir cette commande on utilise la théorie de Lyapunov, nous proposons alors la nouvelle fonction de glissement σ telle que:

$$\sigma = \dot{S} + \eta|S|sgn(S) \tag{4.08}$$

S la surface de glissement définie par (4.06) et $\eta = \begin{bmatrix} \eta_1 & 0 \\ 0 & \eta_2 \end{bmatrix}$, $\eta_1, \eta_2 > 0$

La dérivée de σ est donnée par :

$$\dot{\sigma} = \ddot{S} + \eta\dot{S} \tag{4.09}$$

Soit la fonction de Lyapunov V, en fonction de σ, définie comme suit:

$$V = \frac{1}{2}\sigma^T\sigma$$

Sa dérivée sera égale à:

$$\dot{V} = \dot{\sigma}^T\sigma = \left(h(x) + b(x)u_s + \eta\dot{S}\right)(\dot{S} + \eta|S|sgn(S))$$

Considérons la loi de commande par mode glissant d'ordre deux pour le système (4.01), garantissant $\dot{V} < 0$ et assurant la convergence des surfaces de glissements et leurs dérivées vers zéro.

$$u = -b(x)^{-1}\left(h(x) + \begin{bmatrix} \lambda_1 sng\left(\dot{s}_1 + \eta_1|s_1|sgn(s_1)\right) + \eta_1\dot{s}_1 \\ \lambda_2 sng\left(\dot{s}_2 + \eta_2|s_2|sgn(s_2)\right) + \eta_2\dot{s}_2 \end{bmatrix}\right) \tag{4.10}$$

Avec

$$\lambda = \begin{bmatrix} \lambda_1 & 0 \\ 0 & \lambda_2 \end{bmatrix}, \quad \lambda_1, \lambda_2 > 0$$

L'application de cette loi de commande permet effectivement, à la dérivée de la fonction de Lyapunov, de vérifier l'inégalité suivante:

$$\dot{V} = \left[h + b(-b^{-1}) \left(h + \begin{bmatrix} \lambda_1 sng(\dot{s}_1 + \eta_1 |s_1| sgn(s_1)) + \eta_1 \dot{s}_1 \\ \lambda_2 sng(\dot{s}_2 + \eta_2 |s_2| sgn(s_2)) + \eta_2 \dot{s}_2 \end{bmatrix} \right) \right.$$

$$\left. + \begin{bmatrix} \eta_1 \dot{s}_1 \\ \eta_2 \dot{s}_2 \end{bmatrix} \right]^T \begin{bmatrix} \dot{s}_1 + \eta_1 |s_1| sgn(s_1) \\ \dot{s}_2 + \eta_2 |s_2| sgn(s_2) \end{bmatrix}$$

$$\dot{V} = -\lambda_1 |\dot{s}_1 + \eta_1 |s_1| sgn(s_1)| - \lambda_2 |\dot{s}_1 + \eta_1 |s_1| sgn(s_1)| < 0$$

La technique proposée, peut être considérée comme une extension d'une loi de commande en régime glissant d'ordre un. Au début, un régime glissant d'ordre un est établi, Ce régime correspond à $\acute{\sigma} = 0$, ce qui donne $\ddot{S} = -\eta \dot{S}$. Une fois ce premier régime glissant est atteint ($\sigma=0$), le système peut quitter la surface d'origine avec $\dot{S} = -\eta |S| sgn(S)$ et un deuxième régime glissant apparaît. Pendant que la trajectoire s'approche de l'ensemble de glissement du second ordre, $\dot{S} = S = 0$ sera garantit.

On peut vérifier la stabilité du système avec une nouvelle, fonction de Lyapunov en utilisant la surface S

$$V = |S| + |\dot{S}| \tag{4.11}$$

La dérivée de V est :

$$\dot{V} = \dot{S} sgn(S) + \ddot{S} sgn(\dot{S})$$

Si les trajectoires du système évoluent au bout d'un temps fini sur la surface σ, alors on a $\ddot{S} = -\eta \dot{S}$ et $\dot{S} = -\eta |S| sgn(S)$

La dérivée de V devient :

$$\dot{V} = -\eta |S| - \eta |\dot{S}| < 0$$

L'algorithme du deuxième ordre que nous avons présenté, permet la réduction du phénomène de broutement grâce à la présence de la fonction signe de S à l'intérieur de la nouvelle contrainte de glissement σ ce qui permet une convergence plus douce vers la surface de glissement. L'inconvénient de cette loi est que la connaissance de la dérivée de la surface de glissement est requis. Dans la pratique, il faudra mettre des observateurs afin de mesurer les états supplémentaires.

4.3.2.1 Temps de convergence

Si on remplace la commande (4.10) dans la dérivée de la fonction de glissement, on obtient :

$$\dot{\sigma} = \ddot{S} + \eta\dot{S} = -\lambda sgn\left(\dot{S} + \eta|S|sgn(S)\right)$$

On défini t_c le temps de convergence de $\left(\dot{S} + \eta|S|sgn(S)\right)$ vers zéro ($\dot{S}(t_c) = S(t_c) = 0$)

Si $\sigma = \dot{S} + \eta|S|sgn(S) > 0$ alors $\int_0^{t_c}(\ddot{S} + \eta\dot{S})dt = -\lambda\int_0^{t_c}dt$

$\dot{S}(t_c) - \dot{S}(0) + \eta(S(t_c) - S(0)) = -\lambda(t_c - 0)$

$-\dot{S}(0) - S(0) = -\lambda t_c$

$$t_c = \frac{\dot{S}(0)+S(0)}{\lambda} \tag{4.12}$$

Si $\sigma = \dot{S} + \eta|S|sgn(S) < 0$ alors $\int_0^{t_c}(\ddot{S} + \eta\dot{S})dt = \lambda\int_0^{t_c}dt$

$\dot{S}(t_c) - \dot{S}(0) + \eta(S(t_c) - S(0)) = \lambda(t_c - 0)$

$-\dot{S}(0) - S(0) = \lambda t_c$

$$t_c = -\frac{\dot{S}(0)+S(0)}{\lambda} \tag{4.13}$$

D'après (4.12) et (4.13), le temps de convergence est défini par : $t_c = \frac{|\dot{S}(0)+S(0)|}{\lambda}$

4.3.2.2 Etude de la robustesse

On considère le système incertain défini par (4.05) où les incertitudes Δf et Δg sont prises en compte. La loi de commande par mode glissant d'ordre deux proposée, assurant la convergence de S et $\dot{S}$ vers zéro en présence des incertitudes, est définie comme suit :

$$u = -\hat{b}^{-1}\left(\hat{h} + \lambda sng\left(\dot{s} + \eta|s|sgn(s)\right) + \eta\dot{s}\right) \tag{4.14}$$

avec λ vérifiant la condition suivante :

$$\lambda > \chi + \rho u_{max} \tag{4.15}$$

Où $|\Delta h|_{max} < \chi$, $|\Delta b|_{max} < \rho$

En utilisant la loi de commande (4.14) et l'expression de la dérivée de la fonction de glissement définie en (4.09), on obtient :

$$\dot{\sigma} = \hat{h}(x) + \hat{b}(x)u + \Delta h + \Delta bu + \eta\dot{S} = \Delta h - \lambda sgn\big(\dot{s} + \eta|s|sgn(s)\big) + \Delta bu_{max}$$

Alors $\ddot{S} + \eta\dot{S} = \Delta h - \lambda sgn\big(\dot{s} + \eta|s|sgn(s)\big) + \Delta bu_{max}$

Si $\dot{s} + \eta|s|sgn(s) > 0$ alors $-\lambda + \Delta h + \Delta bu_{max} < 0$

donc $\lambda > \Delta h + \Delta bu_{max}$

Si $\dot{s} + \eta|s|sgn(s) < 0$ alors $\lambda + \Delta h + \Delta bu_{max} > 0$

donc $\lambda > -\Delta h - \Delta bu_{max}$

Alors les deux conditions seront vérifiées si $\lambda > |\Delta h| + |\Delta b|u_{max}$

ce qui implique que : $\lambda > \chi + \rho u_{max}$

4.4 Résultats expérimentaux

La validation expérimentale des trois commandes présentées ci-dessus a été effectuée sur la plate forme Dspace1104 utilisant la version Matlab 7.9. Le schéma bloc globale de ces commandes est représenté par la Fig.4.1

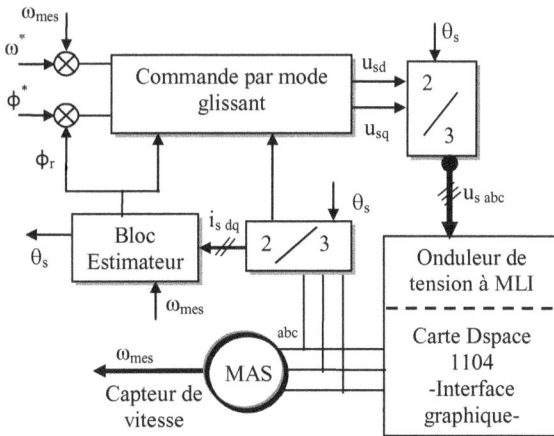

Fig.4.1 Schéma fonctionnel de la commande par mode glissant sur le banc d'essai expérimental

Les commandes vectorielles à mode glissant proposées utilisent la vitesse mesurée, le flux estimé, l'angle de position θ_s correspondant et les mesures du courant statorique. Ces entrées de commande pilotent l'onduleur triphasé permettant d'imposer le suivi des trajectoires du flux et de la vitesse. Le couple de charge est imposé à la machine asynchrone par un frein à poudre alimenté par un courant continu de 0.15A. La période d'échantillonnage $T_e = 10^{-4}$ s. La consigne de vitesse est appliquée dés l'établissement du flux rotorique.

Les paramètres de régulation de chaque commande sont :

La commande par mode glissant premier ordre (**MG-1er ordre**) :

- Pour la vitesse : $K_1 = 700$, $k_\omega = 300$, $\lambda_\omega = 300$

- pour le flux : $K_2 = 400$, $k_\varphi = 6500$, $\lambda_\varphi = 6500$.

La commande par mode glissant second ordre utilisant l'algorithme du Twisting (**MG-Twisting**):

- Pour la vitesse : $\lambda_{M1} = 3000$, $\lambda_{m1} = 1000$

- pour le flux : $\lambda_{M2} = 8000$, $\lambda_{m2} = 4000$

La commande par mode glissant de second ordre (**MG-2nd ordre**) :

- Pour la vitesse : $\lambda_1 = 20$, $\eta_1 = 50$

- pour le flux : $\lambda_2 = 50$, $\eta_2 = 1500$.

Les profils des consignes utilisés sont ceux utilisés dans le chapitre trois.

La Fig.4.2 montre une très bonne réponse en poursuite de la vitesse malgré l'application du couple de charge. Le rejet de cette perturbation est très satisfaisant en vitesse nominale. L'allure de la vitesse du moteur est déphasée légèrement par rapport à la référence car cette dernière a été filtrée afin de limiter l'amplitude des commandes et des courants pendant le transitoire.

> ➤ *Interprétation des résultats*

En comparant ces résultats (Fig.4.3), on note que le phénomène de "*chattering*" est atténué par rapport à la commande par modes glissants d'ordre un.

Vitesse (rad/s)

(a)   temps (s)

Vitesse (rad/s)

(b)   temps (s)

Vitesse (rad/s)

(c)   temps (s)

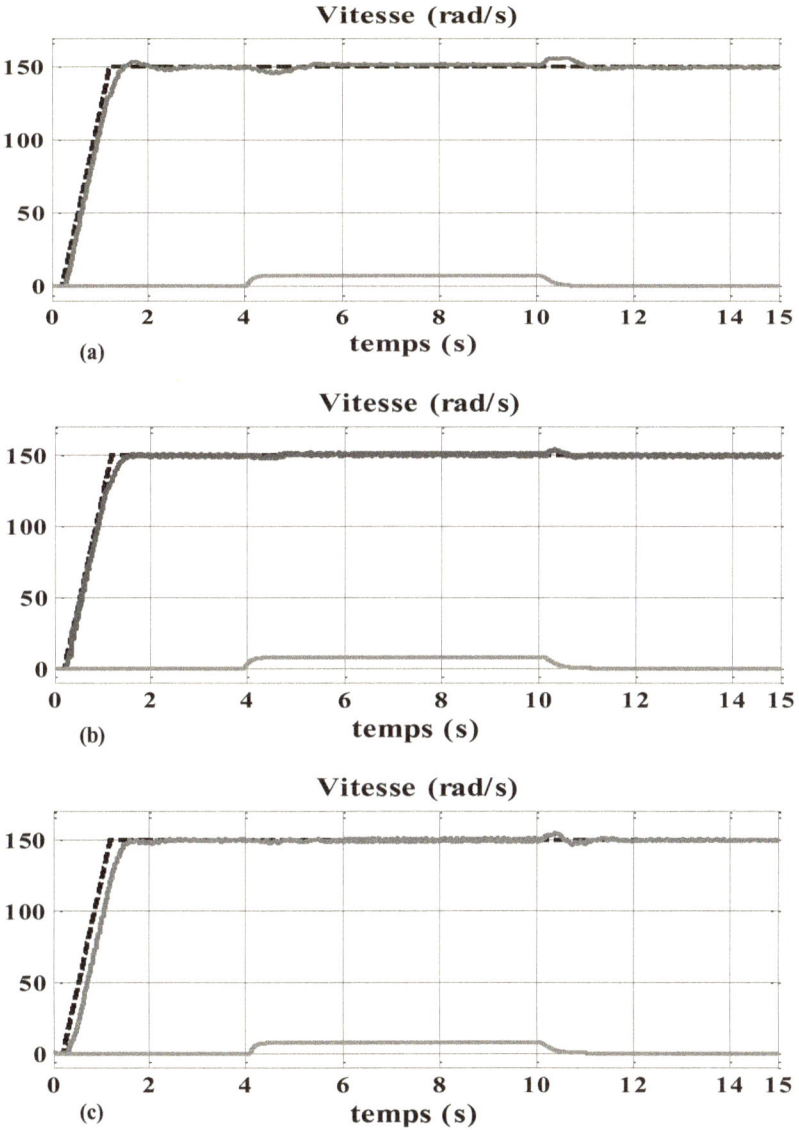

Fig.4.2 Réponse de la vitesse avec application de la charge C_r=7.8N.m de t=4s à t=10s : (a) Commande MG-1er ordre, (b) MG-2ème ordre, (c) MG-twisting

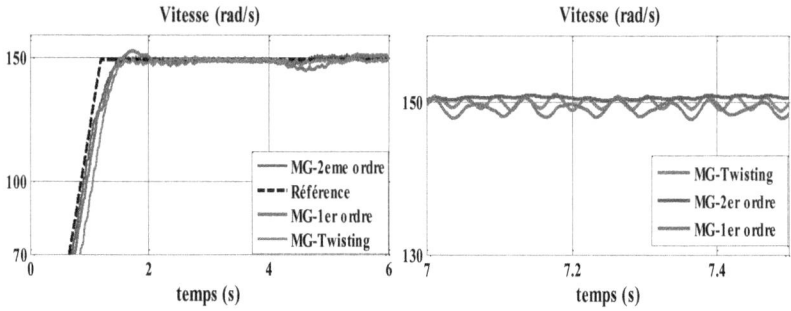

Fig.4.3 Zoom sur les trois réponses de la vitesse en régime transitoire et permanent.

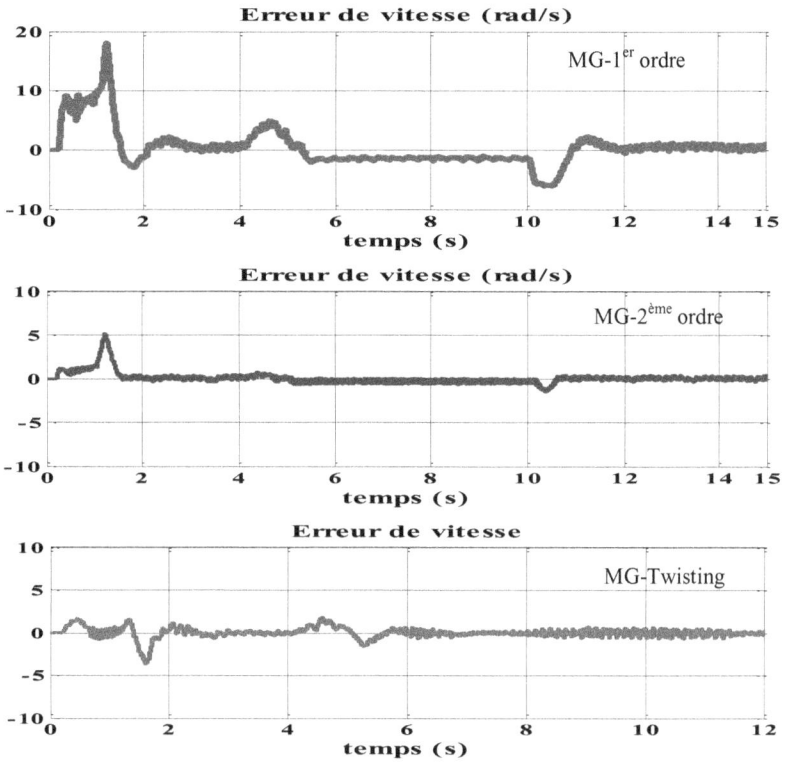

Fig.4.4 Erreur de la vitesse lors de l'application de la charge

La réponse du courant et de la tension statorique donnée par la Fig.4.5 et Fig.4.6 montre un découplage parfait entre le couple et le flux rotorique avec une bonne réduction du "*chattering*" dans les deux commandes par mode glissant du second ordre.

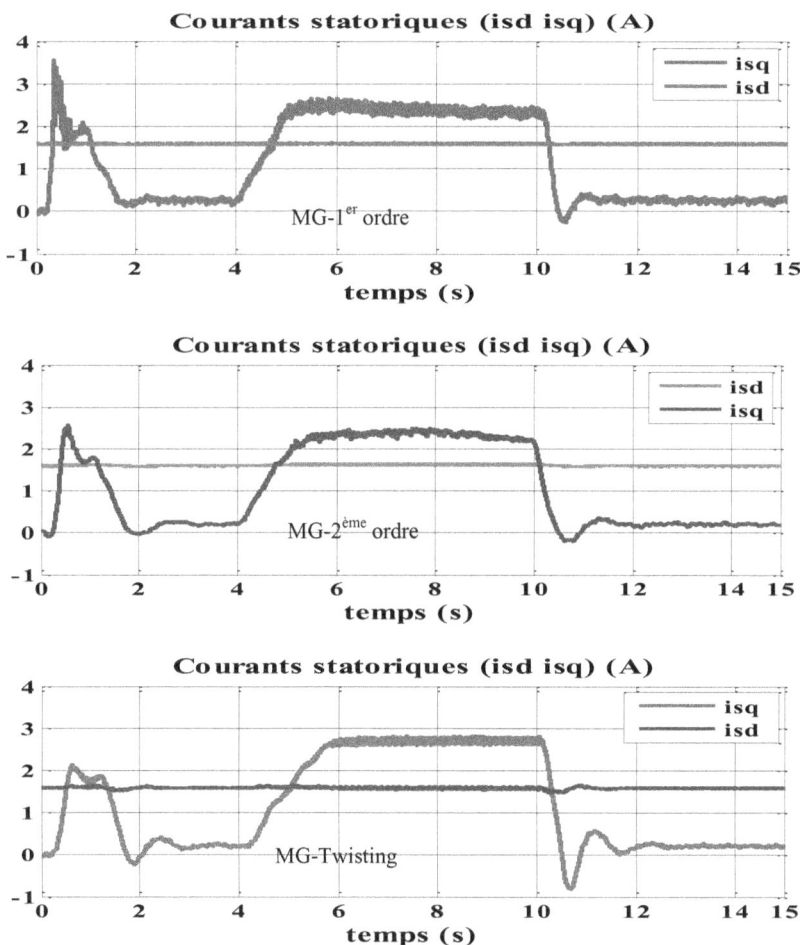

Fig.4.5 Réponses du courant statorique (i_{sd}, i_{sq}) des trois commandes avec application de la charge C_r=7.8N.m entre t=4s et 10s

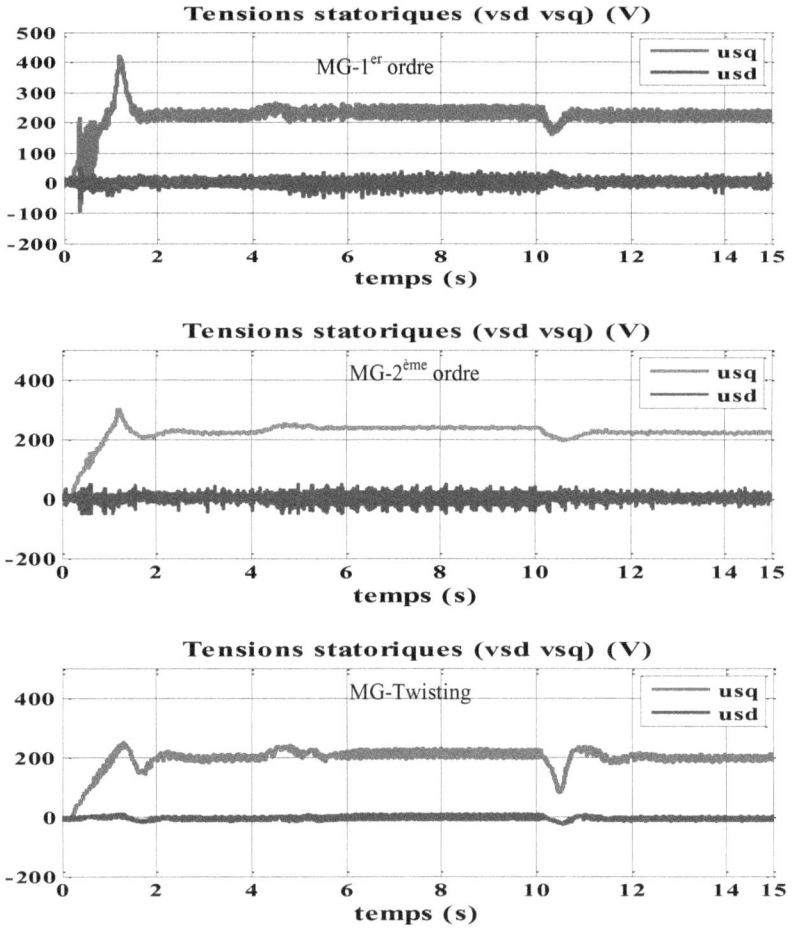

Fig.4.6 Réponses de la tension de commande (u_{sd},u_{sq}) lors de variation de la charge

La Fig.4.7 montre le bon suivi de la norme du flux rotorique φ ce qui implique une bonne orientation du flux. Une erreur statique apparait dans la réponse de vitesse et du flux de la commande MG-1er ordre et cela est dû à l'utilisation de la fonction Saturation "Sat" au lieu de la fonction signe dans le but de réduire le broutement.

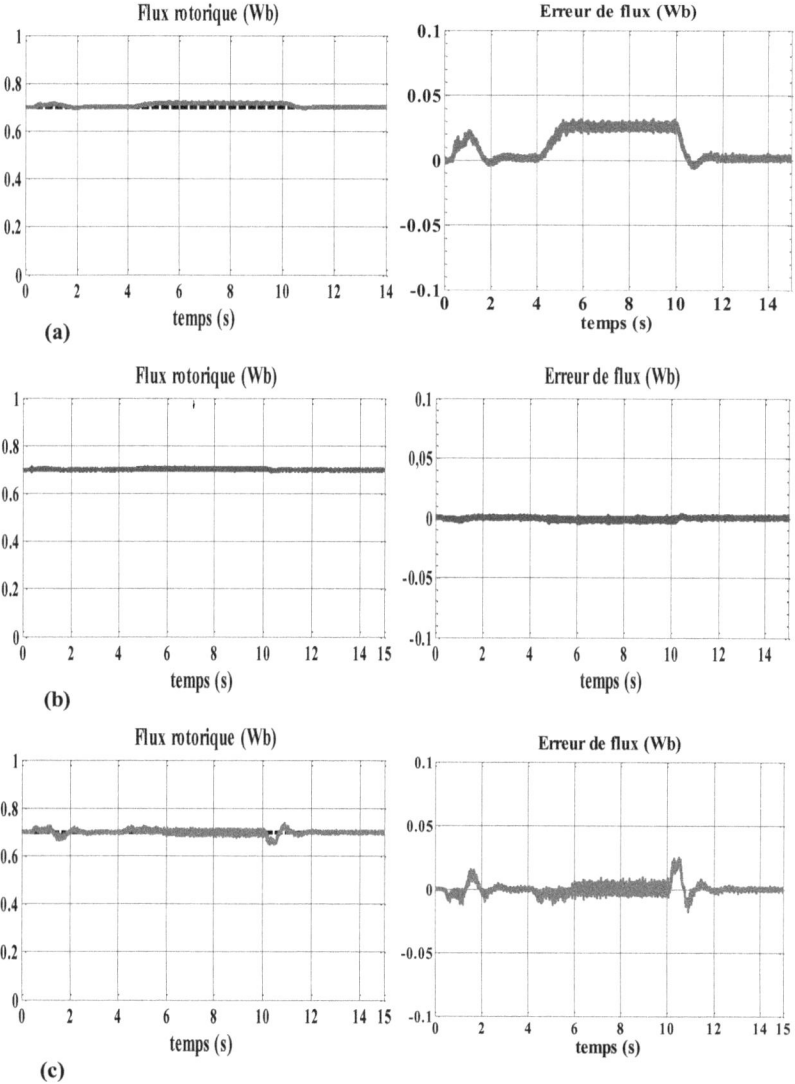

Fig.4.7 Réponses expérimentales de la norme du flux estimé et l'erreur du flux des trois commandes : (a) Commande MG-1er ordre, (b) MG-2ème ordre, (c) MG-Twisting

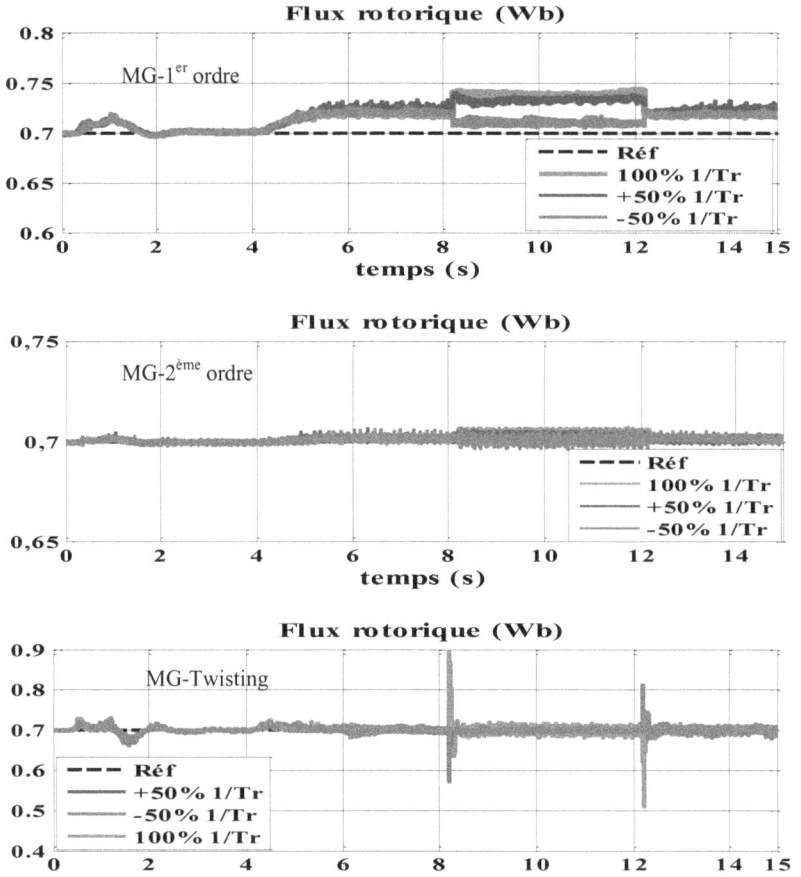

Fig.4.8 Réponse du flux rotorique en charge avec des variations de
100%, +50% et -50% de $1/T_r$.

Des variations paramétriques par rapport aux valeurs identifiées sont effectuées pour tester la robustesse des algorithmes de commande synthétisés. Des variations de 100%, +50% et -50% de l'inverse de la constante de temps rotorique $1/T_r$ sont effectuées comme le montre la Fig.4.8. Pour la variation de 100% de $1/T_r$, une erreur statique sur le flux de 5.7% apparait dans la commande MG-1er ordre et cela nécessite l'estimation du couple de charge et de la constante de temps rotorique T_r.

Des pics arrivant à 0.9 Wb rejetés rapidement dans la commande MG-Twisting. Ces résultats illustrent le caractère robuste de la loi de commande proposée.

Les Fig.4.9 et Fig.4.10 illustrent le suivi de la trajectoire en basse vitesse. La poursuite en vitesse est bonne et un peu sensible aux perturbations introduites par le couple de charge en basse vitesse, nous avons aussi une bonne poursuite quand la vitesse change de sens de rotation.

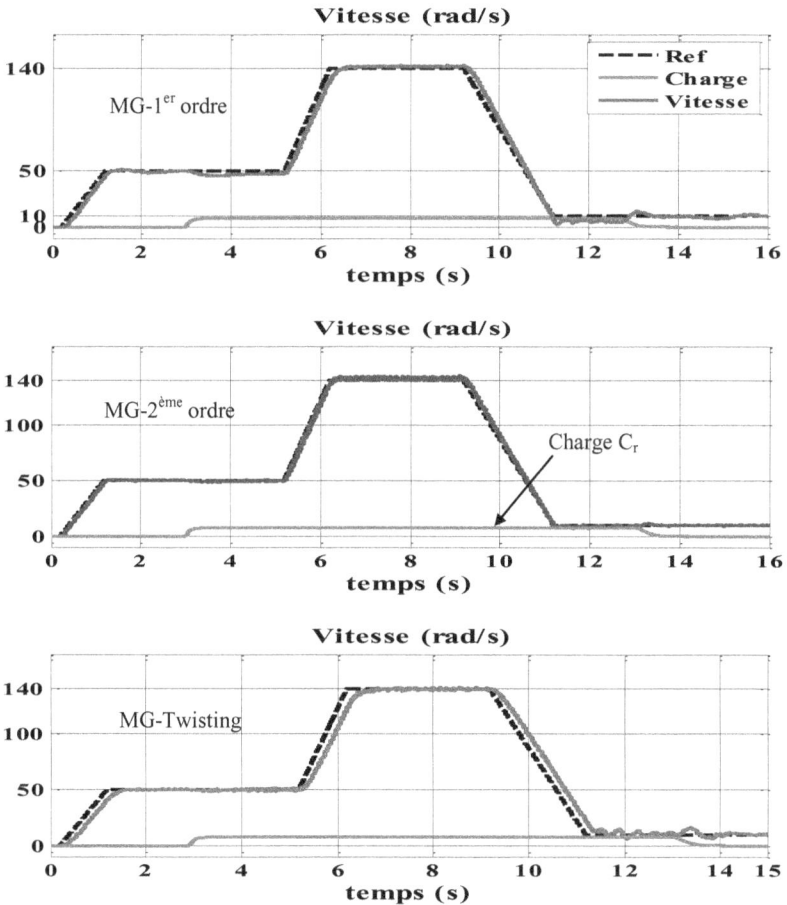

Fig.4.9 Variation de la vitesse en charge

111

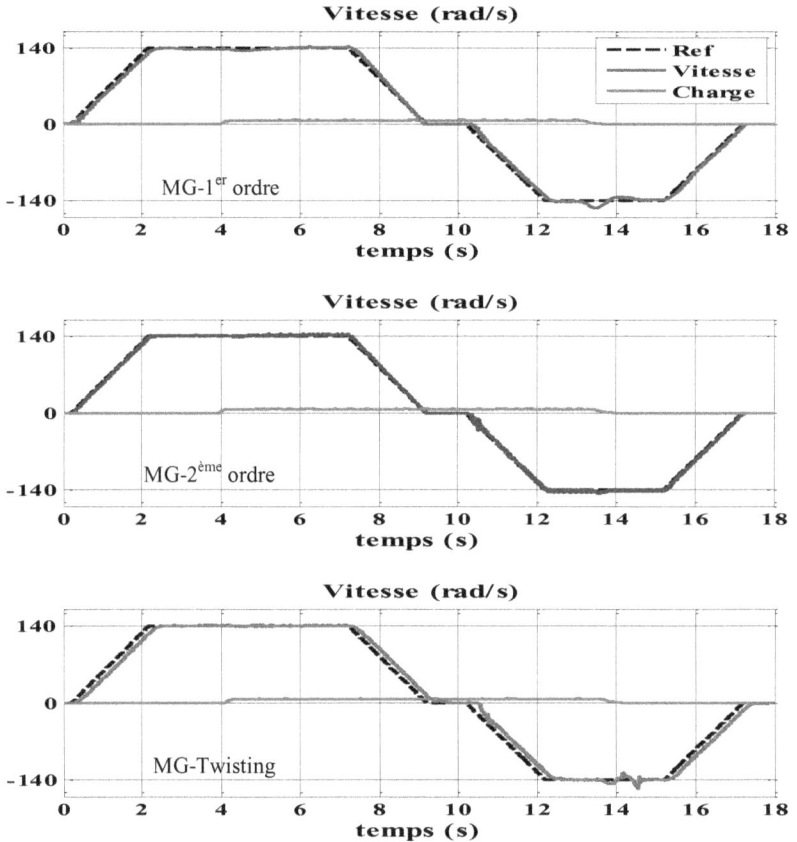

Fig.4.10 Réponse de la vitesse en charge lors de l'inversion du sens de rotation.

On note que les oscillations de réticence obtenues par la commande mode glissant du premier ordre, montrée par la Fig.4.11 sur les ondes de la tension statorique, sont plus importantes que celles obtenues par les commandes mode glissant du deuxième ordre et cela confirme la réduction importante du chattering.

Les allures des surfaces de glissement des trois commandes sont représentées par les Fig.4.12 à 15. Les résultats montrent la convergence des surfaces de vitesse et du flux et leurs dérivées vers zéro du mode glissant d'ordre deux ce qui prouve que les variables d'état du système évoluent selon un mode glissant d'ordre deux.

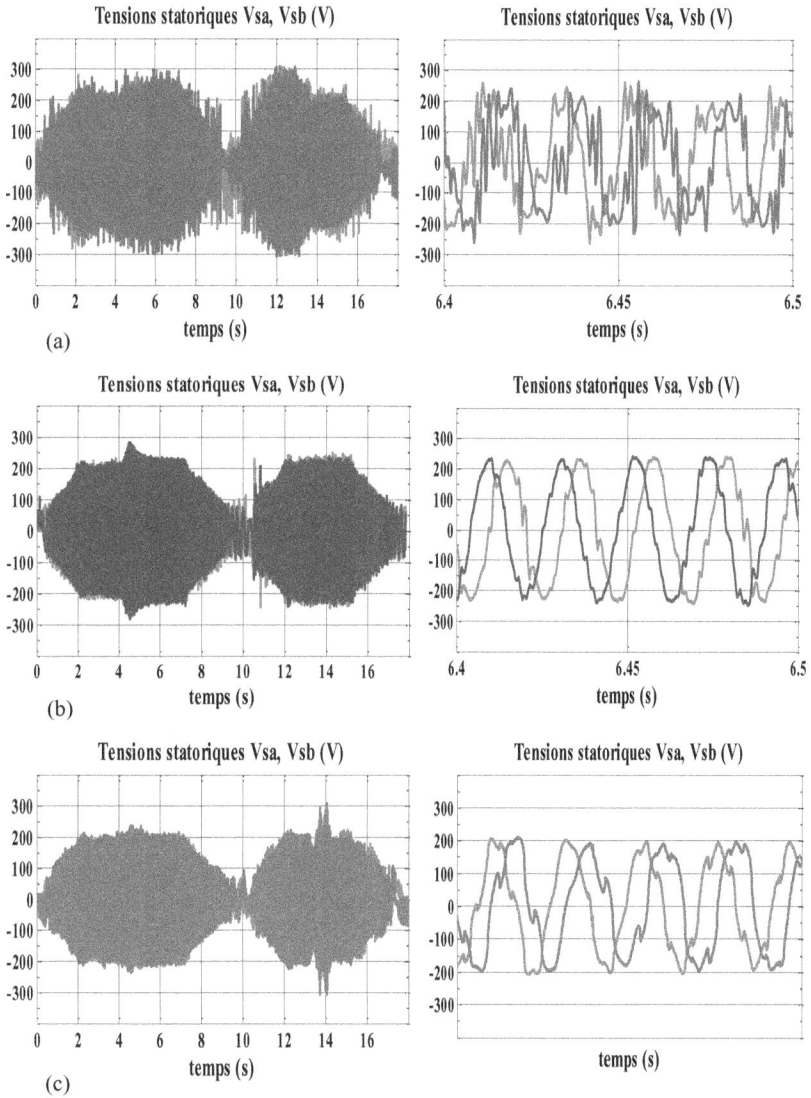

Fig.4.11 Les composantes ($u_{s\alpha}$, $u_{s\beta}$) du vecteur de la tension de commande avec des zooms: (a) Commande MG-1er ordre, (b) MG-2ème ordre, (c) MG-Twisting

113

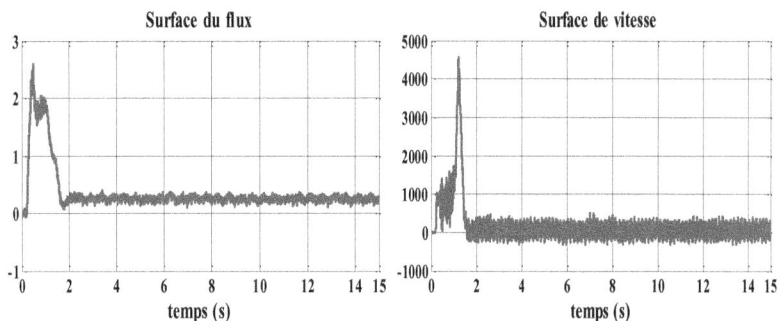

Fig.4.12 Surface de glissement de flux et de la vitesse de la commande MG-1er ordre

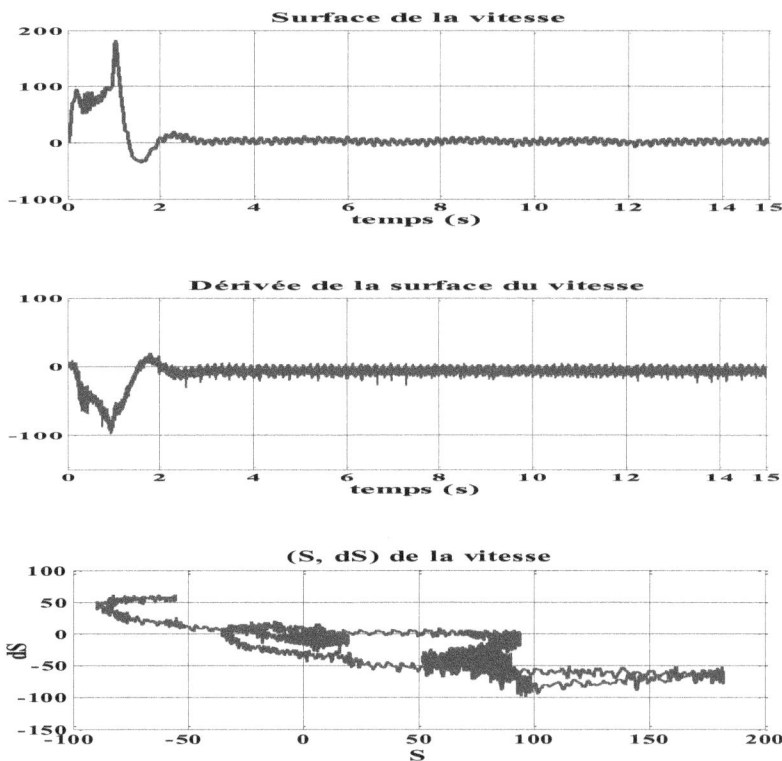

Fig.4.13 Résultats expérimentaux : Surface de glissement σ, sa dérivée $\dot{\sigma}$ et la convergence vers zéro du plan (σ, $\dot{\sigma}$) de la commande MG-2ème ordre

114

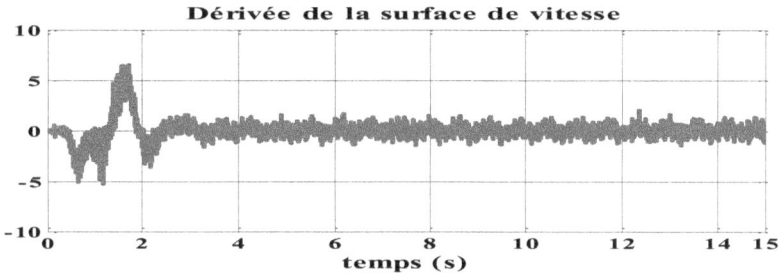

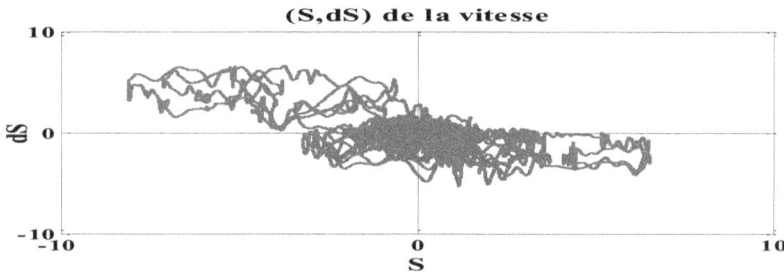

Fig.4.14 Résultats expérimentaux : La dérivée $\acute{S}$ de la vitesse et la convergence du plan (S, $\acute{S}$) vers zéro de l'algorithme Twisting.

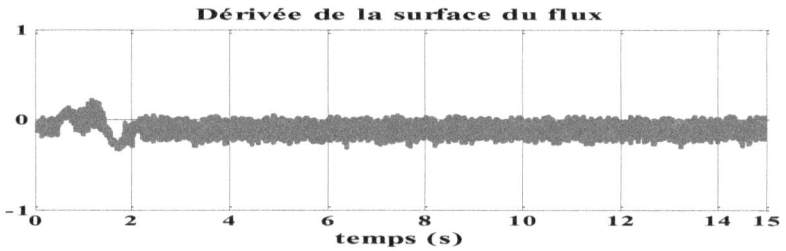

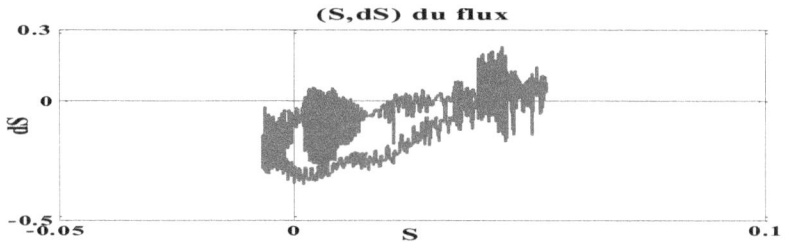

Fig.4.15 Résultats expérimentaux : La dérivée $\acute{S}$ du flux et la convergence du plan (S, $\acute{S}$) vers zéro de l'algorithme Twisting.

115

4.5. Conclusion

Dans ce chapitre nous avons mis en œuvre trois différentes lois de commande non linéaire par mode glissant, à flux rotorique orienté de la machine asynchrone. Dans la première commande, nous avons utilisé la commande par mode glissant d'ordre un. Une solution possible pour réduire le broutement consiste à remplacer la fonction discontinue « Sgn » par une fonction continue « Sat ». L'utilisation de cette dernière produit une erreur statique en présence de perturbations ou d'incertitudes, ce qui nécessite l'estimation du couple de charge et de la constante de temps rotorique.

Dans la deuxième commande nous avons utilisé l'algorithme twisting du mode glissant d'ordre deux pour assurer la convergence de la surface vers l'origine en un temps fini. La troisième commande repose sur l'utilisation de deux surfaces de glissement, la première faisant converger le système en temps fini vers la deuxième surface. L'état du système transite donc de la première surface à la deuxième jusqu'à atteindre l'origine, en temps fini. Les résultats sont satisfaisants et le broutement est réduit. Le seul inconvénient est qu'on doit disposer d'informations sur la dérivée de la surface de commutation. On peut remarquer que ces méthodes ne nécessitent aucune estimation du couple. Dans le chapitre suivant, on présente l'observation du flux et de la vitesse par mode glissant afin d'améliorer la commande de la machine asynchrone.

Chapitre 5

Observation du flux et de la vitesse par mode glissant d'ordre deux

5.1 Introduction

La plupart des lois de commande des machines asynchrones nécessitent une bonne connaissance des grandeurs d'états et des paramètres du modèle. L'accès à ces grandeurs passe par la mesure au moyen de capteurs augmentant la complexité et le coût de l'installation. Cependant, les problèmes de l'inaccessibilité à la mesure de certains états et la non observabilité de la machine dans certains régimes de fonctionnement rendent la mesure très délicate.

Pour la commande de la machine asynchrone, la problématique d'observation se pose en particulier pour le flux rotorique et la vitesse mécanique. Leur détermination précise contribue considérablement à l'amélioration de la qualité de la commande et de sa robustesse. Généralement les modèles de courant et de tension de la machine sont nécessaires pour obtenir l'information sur le flux. Ils sont utilisés ensemble pour l'estimation du flux à partir duquel la vitesse sera estimée.

Ce chapitre est donc consacré à la construction d'observateurs de flux rotorique et de la vitesse mécanique nécessaires à la commande robuste de la machine asynchrone. Deux observateurs de vitesse seront élaborés à titre de comparaison.

117

Le premier est basé sur la technique MRAS et le second basé sur le mode glissant d'ordre deux utilisant l'algorithme du supertwisting. Une validation expérimentale de ces deux observateurs sera effectuée afin de mettre en évidence leurs performances pour diverse conditions de fonctionnement.

5.2 Principe d'un observateur

L'objectif d'un observateur est de reconstruire des grandeurs dont on ne peut ou on ne désire pas mesurer l'état par une méthode directe. Un observateur est un système dynamique qui à partir de l'entrée u du système, de la sortie y mesurée, ainsi que d'une connaissance a priori du modèle, fournira en sortie, un état estimé $\hat{x}$ qui devra tendre vers l'état réel x.

La structure des observateurs existant dans la littérature est constituée d'une copie du modèle du système en plus d'un terme correcteur qui établit la convergence de la valeur estimée et de la valeur réelle.

La Fig.5.1 représente le schéma de principe général des observateurs. A partir de ce schéma, nous pouvons mettre en œuvre toutes sortes d'observateurs, leur différence se situant uniquement dans la synthèse de la matrice de gain K.

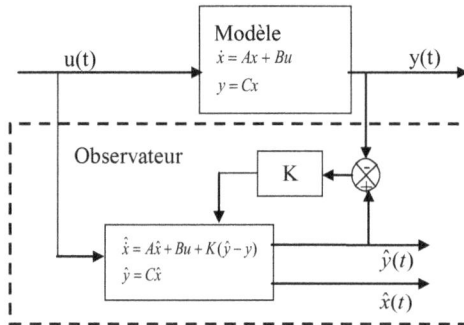

Fig.5.1 Principe général d'un observateur d'état

5.3 Observateur par mode glissant

La notion d'observabilité d'un système non linéaire a été formalisée dans [Her77]. Les critères généraux permettant d'affirmer qu'un système non linéaire est ou n'est pas observable sont délicats à mettre en œuvre, en effet il n'existe pas de conditions globales garantissant l'observabilité.

Une des classes les plus connues des observateurs robustes est celle des observateurs par modes glissants [Utk95] [Slo87].

On considère le système non linéaire suivant:

$$\begin{cases} \dot{x}(t) = f(x(t), u(t)) \\ y(t) = h(x(t)) \end{cases} \tag{5.01}$$

Pour le système non linéaire (5.01), la structure de l'observateur par modes glissants classique est décrite par :

$$\begin{cases} \dot{\hat{x}}(t) = \hat{f}(\hat{x}(t), u(t)) + \Gamma \operatorname{sgn}(S) \\ \hat{y}(t) = \hat{h}(\hat{x}(t)) \end{cases}$$

Cet observateur utilise une simple fonction signe de la surface de glissement S. La matrice gain Γ intervient juste pour donner le poids nécessaire suivant la dynamique des grandeurs observées et la qualité de mesure requise. L'étude de la stabilité et de convergence de tels observateurs est basée sur l'utilisation de la théorie de Lyapunov.

5.3.1 Synthèse d'un observateur de flux par mode glissant d'ordre deux

L'observateur de flux développé dans cette section s'appuie sur la technique des modes glissants d'ordre deux utilisant l'algorithme de twisting. Notre choix se justifie par les bonnes propriétés qui peuvent en être obtenues car, il est possible grâce aux modes glissants d'ordre deux, d'obtenir une estimation en temps fini en ne compromettant pas la robustesse. Le fait de recueillir l'information désirée en un temps fini est particulièrement intéressant, afin de savoir à partir de quel moment cette information est pertinente. De plus la précision de l'estimation et la rapidité de la convergence peuvent être aisément réglée en fonction des gains de l'observateur. Ainsi une borne sur le temps de convergence peut être évaluée.

Pour réaliser cet observateur, on suppose que l'on dispose d'un capteur mécanique de vitesse puisque nous ne nous intéressons qu'aux dynamiques électromagnétiques. Les équations des courants statoriques et des flux rotoriques peuvent être écrites dans le repère (α,β) sous forme matricielle comme suit :

$$\frac{di_s}{dt} = -\delta I i_s + \beta A \phi_r + b u_s \qquad (5.02)$$

$$\frac{d\phi_r}{dt} = M\alpha i_s - A\phi_r \qquad (5.03)$$

Avec :

$$i_s = \begin{bmatrix} i_{s\alpha} & i_{s\beta} \end{bmatrix}^T, \quad \phi_r = \begin{bmatrix} \phi_{r\alpha} & \phi_{r\beta} \end{bmatrix}^T,$$

$$A = \begin{bmatrix} \alpha & p\omega \\ -p\omega & \alpha \end{bmatrix}, \quad I = \begin{bmatrix} 1 & 0 \\ 0 & 1 \end{bmatrix}$$

En notant $\hat{i}_s$, $\hat{\phi}_r$ les variables estimées respectivement du courant et du flux. Le système d'équations (5.04) et (5.05) de l'observateur donné ci-dessous sans tenir compte des variations paramétriques est en fait, une recopie du système original (5.02) et (5.03) en plus d'un terme Γ de correction discontinu:

$$\frac{d\hat{i}_s}{dt} = -\delta I i_s + \beta A \hat{\phi}_r + b I u_s \qquad (5.04)$$

$$\frac{d\hat{\phi}_r}{dt} = \alpha M \hat{i}_s - A\hat{\phi}_r + \Gamma \qquad (5.05)$$

$\hat{i}_s = \begin{bmatrix} \hat{i}_{s\alpha} & \hat{i}_{s\beta} \end{bmatrix}^T, \hat{\phi}_r = \begin{bmatrix} \hat{\phi}_{r\alpha} & \hat{\phi}_{r\beta} \end{bmatrix}^T, \quad \Gamma = \begin{bmatrix} \Gamma_1 & \Gamma_2 \end{bmatrix}^T$

Soit $z_1 = \hat{i}_s - i_s$, $z_2 = \hat{\phi}_r - \phi_r$, alors la dynamique de l'erreur d'observation obtenue est donnée par

$$\begin{aligned} \dot{z}_1 &= \beta A z_2 \\ \dot{z}_2 &= \alpha M z_1 - A z_2 + \Gamma \end{aligned} \qquad (5.06)$$

On définit la surface de glissement S par :

$$S(x) = \frac{1}{\beta} A^{-1} z_1 \qquad (5.07)$$

Avec la matrice A supposée inversible

La dérivée de la surface prend la forme suivante :

$$\dot{S}(x) = \frac{1}{\beta} A^{-1}\dot{z}_1 + \frac{d(A^{-1})}{dt} z_1 = z_2 \qquad (5.08)$$

On suppose de plus que la dynamique de la vitesse angulaire ω est constante par rapport aux dynamiques des courants et des flux. Par conséquent, on peut considérer que $\dfrac{d(A^{-1})}{dt} = 0$.

Nous dérivons une nouvelle fois l'expression (5.08) on obtient :

$$\ddot{S} = \dot{z}_2 = \alpha M I z_1 - A z_2 + \Gamma \tag{5.09}$$

Puisque z_1 et z_2 tendent asymptotiquement vers zéro indépendamment de la commande, il existe un temps t_0 tel que $\forall\ t \geq t_0 : |\alpha M I z_1 - A z_2| < C_0$

Dans ce cas, il est possible de définir l'algorithme du twisting, Γ comme suit :

$$\Gamma = \begin{cases} \lambda_m sng(S) & S\dot{S} \leq 0 \\ \lambda_M sng(S) & S\dot{S} > 0 \end{cases} \tag{5.10}$$

Avec les conditions suivantes sur les gains :

$$\lambda_M > |\alpha M I z_1 - A z_2|_{max}$$
$$\lambda_M > \lambda_m + 2|\alpha M I z_1 - A z_2|_{max}$$

Les trajectoires du système évoluent au bout d'un temps fini sur les surfaces, $S = \dot{S} = 0$, c'est-à-dire : $S = \dfrac{1}{\beta} A^{-1} z_1 = 0$ et $\dot{S} = z_2 = 0$, alors $z_1 = z_2 = 0$.

La structure de l'observateur de flux est donnée par la Fig.5.2.

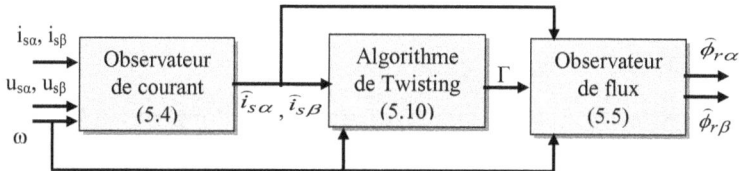

Fig.5.2 Structure de l'observateur de flux par modes glissants d'ordre deux

Cet observateur de flux a été exploité dans la commande vectorielle par orientation du flux rotorique FOC de la MAS afin d'améliorer ses performances et sa robustesse.

5.3.2 Résultats expérimentaux

Les résultats expérimentaux illustrés par les figures (5.3), (5.4) et (5.5) montrent le comportement de l'observateur du flux rotorique pour des vitesses différentes sous une charge de 7.3 N.m. et une variation brutale de 100% et -50% de l'inverse de la constante de temps rotorique. Cet observateur présente de bonnes performances du point de vue précision présentant des erreurs dynamiques et statiques très faibles.

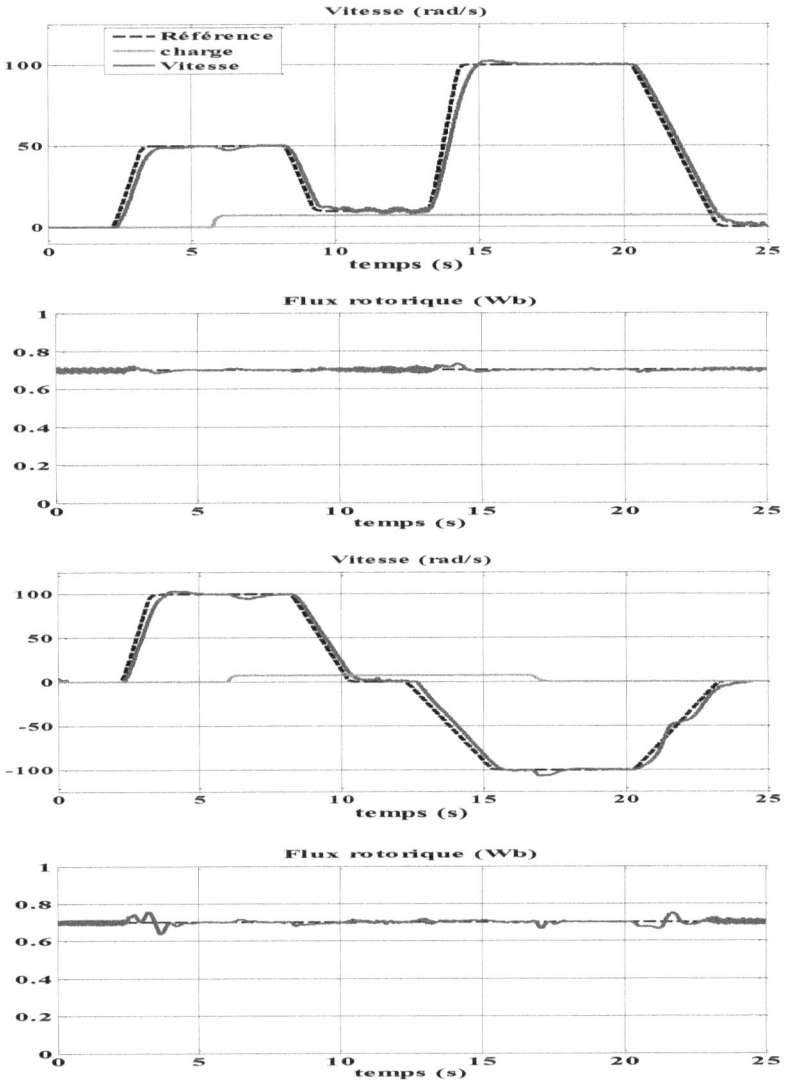

Fig.5.3 Variation de la vitesse avec le flux rotorique observé
- Résultats expérimentaux -

122

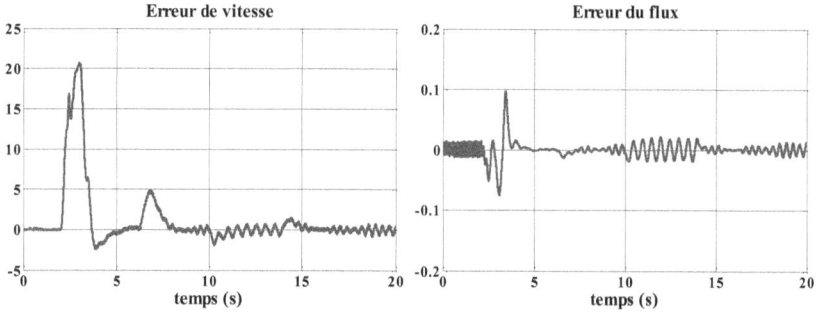

Fig.5.4 Erreurs de la vitesse et du flux

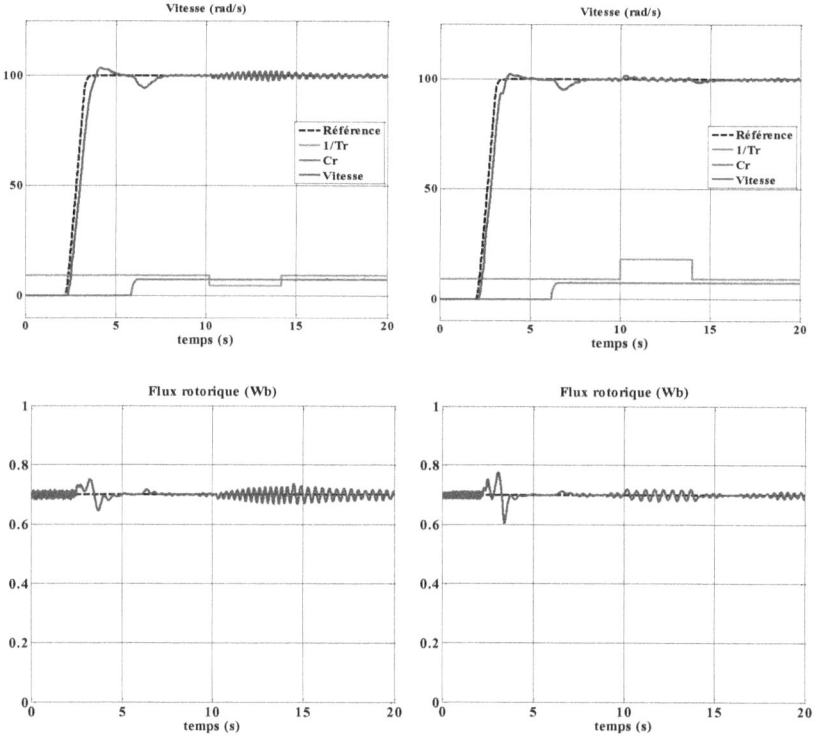

Fig.5.5 La vitesse et le flux rotorique observé avec variation de -50% et 100% de $1/T_r$
-Résultats expérimentaux-

5.4 Observation de la vitesse rotorique

Généralement, les capteurs de vitesse réduisent la robustesse et la fiabilité de la structure de commande de la machine asynchrone et augmentent son coût. Malgré ces inconvénients, il est difficile de les remplacer par des estimateurs de vitesse, car les performances de la machine asynchrone deviennent très mauvaises à très basses vitesses à cause de la perte d'observabilité et les problèmes d'intégrations pures. Dans [Gha05] il a été montré que l'observabilité de la machine asynchrone ne peut être établie dans le cas particulier de fonctionnement de la machine à vitesse mécanique constante et à la pulsation statorique nulle.

La conception des observateurs de vitesse est très souvent basée sur une estimation de flux calculée directement à partir du modèle du courant ou du modèle de tension de la machine asynchrone. Par conséquent, il est quasiment impossible d'éviter l'utilisation d'un intégrateur.

Il est bien connu que l'intégrateur a un gain infini à la fréquence nulle, ce qui rend son utilisation à l'état pur et à très basse vitesse presque impossible car il présente des problèmes de conditions initiales (problèmes d'offset). Pour résoudre ce problème, l'intégrateur pur a été remplacé par un filtre passe bas où il a fallut bien choisir sa fréquence de coupure [Sch89] [Hu98].

5.4.1 Observation de la vitesse par la technique MRAS

Le système adaptatif à modèle de référence (MRAS) est l'une des méthodes les plus utilisées pour l'observation de la vitesse de la machines asynchrone en utilisant uniquement les mesures de la tension et du courant statorique. Depuis son introduction par Schauder [Sch89], plusieurs travaux ont été publiés, [Beg97] [Gri01] [Gri96] [Lin98] [Zhe98]. Cet observateur est composé de deux estimateurs indépendants. Le premier basé sur l'équation (5.11) appelé modèle de référence (modèle en tension) ne dépend pas de la vitesse. Le second, appelé modèle adaptatif basé sur l'équation (5.12) (modèle en courant) dépend directement de la vitesse rotorique. L'erreur entre les sorties des deux estimateurs pilote un

124

mécanisme d'adaptation générant la vitesse estimée Il est conçu pour assurer la stabilité du système. La structure MRAS est illustrée par le schéma fonctionnel suivant.

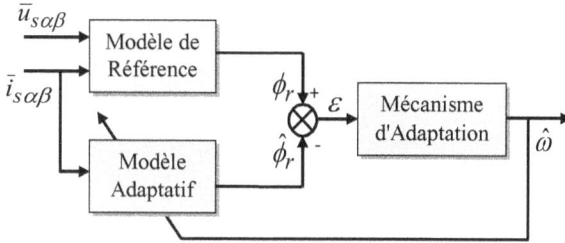

Fig.5.6 Structure MRAS pour l'observation de la vitesse

Il existe plusieurs structures MRAS basées sur le choix de la variable de sortie estimée, tel que le flux rotorique, la force contre électromotrice ou la puissance réactive. Pour notre cas l'observation est basée sur l'estimation du flux rotorique. L'avantage étant l'estimation de sa position qui peut être utilisée lors d'une commande vectorielle directe à flux rotorique orienté. Le modèle de référence est donné par l'équation suivante:

$$\frac{d\phi_r}{dt} = \frac{L_r}{M}(v_s - R_s i_s - \sigma L_s \frac{di_s}{dt})$$ (5.11)

Soient $\hat{\phi}_r$ et $\hat{\omega}$ les quantités estimées du flux et de la vitesse. A partir de l'équation (5.03) on peut définir un simple estimateur de flux par:

$$\frac{d\hat{\phi}_r}{dt} = \alpha M I i_s - \hat{A}\hat{\phi}_r$$ (5.12)

où $\hat{A} = \begin{bmatrix} \alpha & p\hat{\omega} \\ -p\hat{\omega} & \alpha \end{bmatrix}$

La dynamique de l'erreur vectorielle $\varepsilon = \phi_r - \hat{\phi}_r$ est donnée par:

$$\dot{\varepsilon} = A\varepsilon + J(\omega - \hat{\omega})\hat{\phi}_r$$

Posons $\Delta\omega = \omega - \hat{\omega}$, $W = J\Delta\omega\hat{\phi}_r$

Il vient $\dot{\varepsilon} = A\varepsilon + W$

125

Chapitre 5   Observation du flux et de vitesse par mode glissant d'ordre deux

Pour assurer une convergence asymptotique vers zéro de l'erreur d'observation et assurer que le système possède un état d'équilibre asymptotiquement stable, l'erreur d'observation doit satisfaire le critère de stabilité de *Lyapunov*.

Soit la fonction de *Lyapunov* candidate suivante:

$$V = \varepsilon^T \varepsilon + \frac{(\omega - \hat{\omega})^2}{\lambda} \tag{5.13}$$

Avec λ une constante positive.

$$\dot{V} = \dot{\varepsilon}^T \varepsilon + \varepsilon^T \dot{\varepsilon} + \frac{1}{\lambda} \frac{d}{dt}(\Delta\omega)^2$$

Après simplification on trouve

$$\dot{V} = \varepsilon^T \left(A^T + A\right) + 2\varepsilon^T W + \frac{2}{\lambda} \Delta\omega \, \dot{\hat{\omega}} \tag{5.14}$$

Où $\varepsilon^T W = \begin{bmatrix} \varepsilon_\alpha & \varepsilon_\beta \end{bmatrix} \Delta\omega \begin{bmatrix} -\hat{\phi}_{r\beta} \\ \hat{\phi}_{r\alpha} \end{bmatrix}$, $A^T + A = -2\alpha I < 0$

Avec $\varepsilon = \begin{bmatrix} \varepsilon_\alpha \\ \varepsilon_\beta \end{bmatrix} = \begin{bmatrix} \phi_{r\alpha} - \hat{\phi}_{r\alpha} \\ \phi_{r\beta} - \hat{\phi}_{r\beta} \end{bmatrix}$

Pour assurer la convergence de l'erreur vers zéro, (5.14) doit être définie négative, par conséquent il faut que:

$$2\varepsilon^T W + 2\Delta\omega \frac{1}{\lambda} \dot{\hat{\omega}} = 0$$

On déduit alors:

$$\dot{\hat{\omega}} = \lambda\left(\varepsilon_\alpha \hat{\phi}_{r\beta} - \varepsilon_\beta \hat{\phi}_{r\alpha}\right) \tag{5.15}$$

Le modèle de référence présente une intégration pure. Un filtre passe bas a été utilisé pour réduire cet effet. Cependant, cela va provoquer la dégradation de l'estimation surtout à basse vitesse.

La valeur estimée $\hat{\omega}$ sera donnée par la loi d'adaptation suivante :

$$\hat{\omega} = K_p\left(\varepsilon_\alpha \hat{\phi}_{r\beta} - \varepsilon_\beta \hat{\phi}_{r\alpha}\right) + K_i \int \left(\varepsilon_\alpha \hat{\phi}_{r\beta} - \varepsilon_\beta \hat{\phi}_{r\alpha}\right) dt \tag{5.16}$$

Le schéma bloc de l'observateur de vitesse est donné par la Fig.5.7.

126

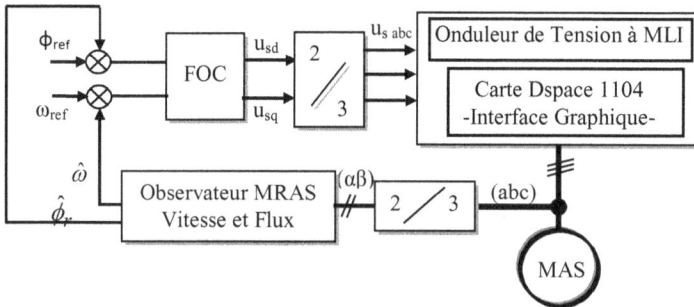

Fig.5.7 Schéma de contrôle pour observer la vitesse et le flux.

5.4.2 Résultats expérimentaux

L'observateur MRAS de la vitesse a été implanté sur une commande vectorielle par orientation du flux rotorique FOC de la MAS.

➢ *Interprétation des résultats*

Les résultats expérimentaux sont illustrés par les figures (5.8) à (5.11). Trois types de profils différents, de dynamique rapide et moins rapide, ont été utilisés. Deux profils permettent de contraindre l'observateur à fonctionner dans des zones sensibles à faible observabilité (25 rad/s et 10 rad/s) et le troisième de tester la dynamique de l'observateur en traversant une zone très sensible où la vitesse devient nulle avant l'application d'une inversion du sens de rotation.

En observant les figures (5.8) et (5.10), aucune erreur statique n'est à signaler. Toutefois un bon rejet du couple de charge de 5 N.m et aussi au niveau dynamique, un très faible écart entre la vitesse réelle et observée sont à noter. Des oscillations sont cependant signalées à faible vitesse (10 rad/s ou nulle) et la zone est assez fortement perturbée et des fois un décrochage intervient quand la vitesse du moteur devient nulle. Même remarque dans la réponse des courants statoriques présentés par la Fig.5.9 où le régime dynamique présente des oscillations et des pics de courant dépassant 9A, générant beaucoup de bruits entendu lors du fonctionnement du moteur et pouvant poser des problèmes de stabilité. On peut constater que l'observation de la vitesse par la technique MRAS n'est pas fiable en basse vitesse.

Concernant la robustesse face aux variations de $1/T_r$, le système accepte une variation de 100% et +50% mais il devient instable pour une variation de -30% de $1/T_r$.

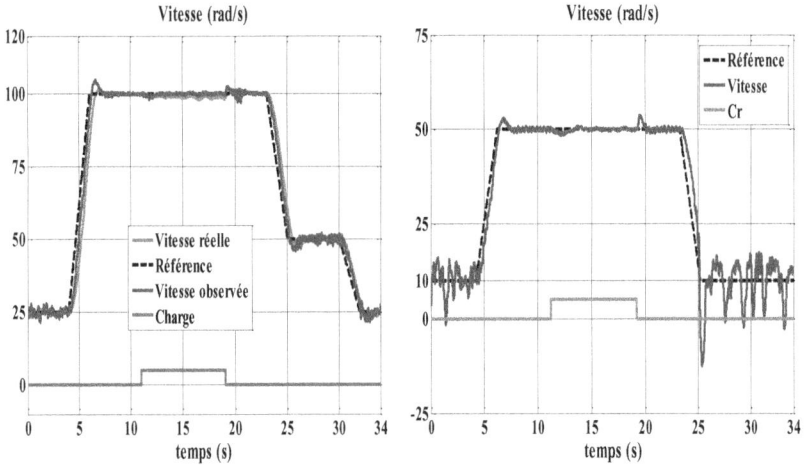

Fig.5.8 Tests de variation de la vitesse observée en charge par la technique MRAS

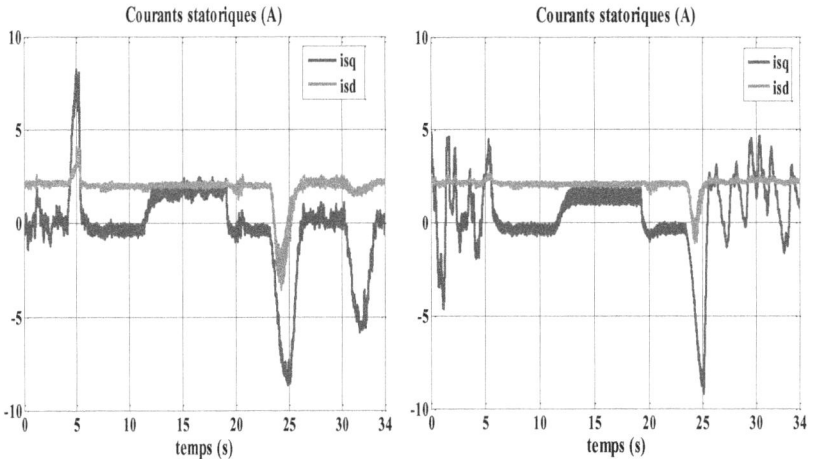

Fig.5.9 Courants statorique i_{sdq} lors de la variation de la vitesse par la technique MRAS

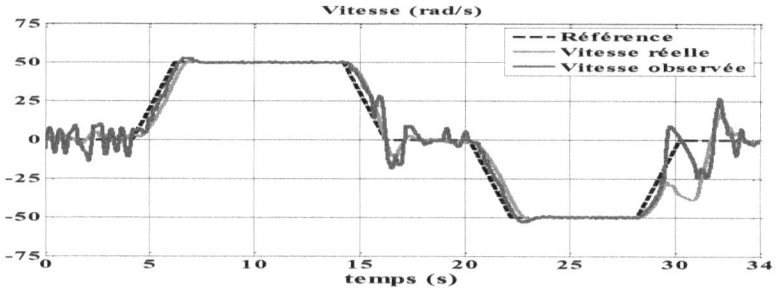

Fig.5.10 Vitesse réelle et observée par MRAS à vitesse nulle
et inversion du sens de rotation

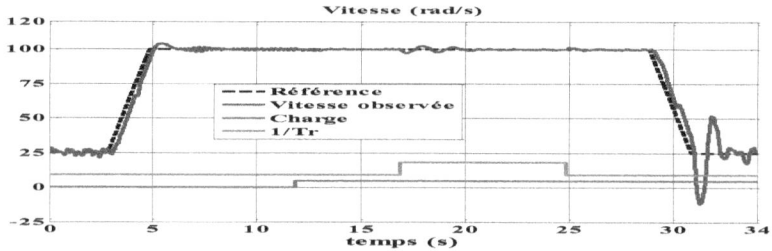

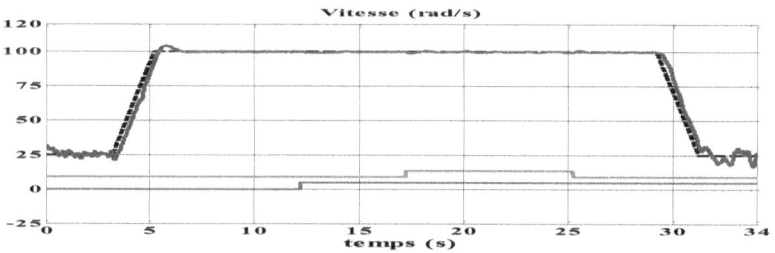

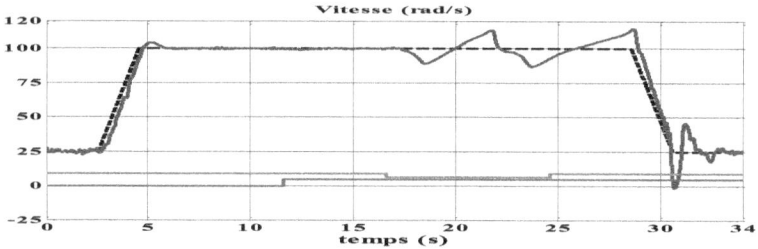

Fig.5.11 Vitesse observée par MRAS en charge avec variation de
100%, +50% et -30% de $1/T_r$

129

5.4.3 Conception de l'observateur de vitesse à mode glissant du second ordre

Cette conception est basée sur deux observateurs de courant. Le premier utilise la technique du mode glissant d'ordre un, par contre le deuxième observateur utilise le mode glissant d'ordre deux. La convergence en temps fini vers zéro de la surface de glissement et sa dérivée est prouvée par l'algorithme de super twisting donné par [Dav05]. L'observateur de vitesse utilise comme entrées le flux observé et le courant du deuxième observateur et sa stabilité est obtenue par la théorie de Lyapunov. La configuration de l'observateur est représentée par la Fig.5.12.

5.4.3.1 Premier observateur de courant

Le premier observateur de courant est défini comme suit :

$$\frac{d\bar{i}_s}{dt} = -\delta \bar{i}_s + \beta \Lambda_1 + b I u_s \tag{5.17}$$

Où

$$\Lambda_1 = -k_0 \, \text{sgn} \, e_{i1} \tag{5.18}$$

Avec $\Lambda_1 = \begin{bmatrix} \Lambda_{1\alpha} \\ \Lambda_{1\beta} \end{bmatrix}, \hat{i}_s = [\hat{i}_{s\alpha} \quad \hat{i}_{s\beta}]^T, e_{i1} = \begin{bmatrix} \hat{i}_{s\alpha} - i_{s\alpha} \\ \hat{i}_{s\beta} - i_{s\beta} \end{bmatrix}, k_0 = \begin{bmatrix} k_{0\alpha} & 0 \\ 0 & k_{0\beta} \end{bmatrix}$

La dynamique de l'erreur du courant sera donnée par :

$$\dot{e}_{i1} = -\delta \, I e_{i1} + \beta(\Lambda_1 - A\phi_r)$$

Quand le courant estimé converge vers le courant mesuré, $\dot{e}_{i1} = e_{i1} = 0$, le terme $A\phi_r$ sera remplacé par (5.18) sans avoir besoin de connaître ni la vitesse, ni la constante de temps rotorique. La sélection des pôles de la matrice k_0 dans (5.18) va garantir la convergence de l'observation du courant par l'analyse de stabilité de Lyapunov, alors la commande équivalente de l'observation sera :

$$\Lambda_{1eq} = A\phi_r \tag{5.19}$$

Les gains de la matrice k_0 sont choisis pour des paramètres connus, alors tout changement dans les paramètres de la machine va introduire la divergence de l'observateur [Li05]. Afin de compenser cette divergence un deuxième observateur de courant sera utilisé.

5.4.3.2 Deuxième observateur de courant

L'observateur de courant par mode glissant proposé pour l'observation du flux est donné par les équations suivantes :

$$\frac{d\hat{i}_s}{dt} = -\delta I i_s + \beta A \hat{\phi}_r + b I u_s + \Lambda_2$$

$$\frac{d\hat{\phi}_r}{dt} = \alpha M \hat{i}_s - A \hat{\phi}_r \tag{5.20}$$

$\hat{i}_s = [\hat{i}_{s\alpha} \quad \hat{i}_{s\beta}]^T$ et $\hat{\phi}_r = [\hat{\phi}_{r\alpha} \quad \hat{\phi}_{r\beta}]^T$ Représentent respectivement les composantes observées du courant statorique et du flux rotorique

Avec $\Lambda_2 = [\Lambda_{2\alpha} \quad \Lambda_{2\beta}]^T = -w \int \text{sgn}(e_{is}) \, dt - \lambda |e_{is}|^{1/2} \text{sgn}(e_{is})$, $e_{is} = \hat{i}_s - i_s$

$$w = \begin{bmatrix} w_1 & 0 \\ 0 & w_2 \end{bmatrix}, \quad \lambda = \begin{bmatrix} \lambda_1 & 0 \\ 0 & \lambda_2 \end{bmatrix}$$

Notre but consiste à imposer une erreur d'observation qui converge vers zéro en assurant des erreurs en courants nulles. L'expression de la dynamique d'erreur est donnée par:

$$\dot{e}_{is} = \beta A e_{\phi r} - w \int \text{sgn}(e_{is}) \, dt - \lambda |e_{is}|^{1/2} \text{sgn}(e_{is})$$

$$\dot{e}_{\phi r} = \alpha M e_{is} - A e_{\phi r} \tag{5.21}$$

où $\begin{bmatrix} e_{is} \\ e_{\phi r} \end{bmatrix} = \begin{bmatrix} \hat{i}_s - i_s \\ \hat{\phi}_r - \phi_r \end{bmatrix}$

Posant $y_1 = e_{is}$, $y_2 = \beta A e_{\phi r} - w \int \text{sgn}(e_{is}) \, dt$

Le système (5.21) devient:

$$\dot{y}_1 = y_2 - \lambda |e_{is}|^{1/2} \text{sgn}(e_{is})$$

$$\dot{y}_2 = \beta A \dot{e}_{\phi r} - w \text{sgn}(e_{is}) \tag{5.22}$$

Nous dérivons une nouvelle fois l'expression $\dot{y}_1$, on obtient:

$$\ddot{y}_1 = -\beta A^2 e_{\phi r} + M\alpha\beta A e_{is} - w \text{sgn}(e_{is}) - \frac{1}{2} \lambda \dot{e}_i |e_{is}|^{-1/2}$$

$$\dot{y}_2 = -\beta A^2 e_{\phi r} + M\alpha\beta A e_{is} - w \text{sgn}(e_{is}) \tag{5.23}$$

Les états du système peuvent être bornés, alors

$$\left| -\beta A^2 e_{\phi r} + M\alpha\beta A e_i \right| < C_0 \tag{5.24}$$

Afin de prouver la convergence de l'état estimé vers les états réels, il est nécessaire de prouver tout d'abord la convergence des surfaces e_{is} et $\dot{e}_{is}$ (ie y_1 et $\dot{y}_1$) vers zéro. D'après les équations (5.23), (5.24), l'inclusion différentielle (5.25) admet une solution au sens de Fillipov [Dav05] [Bou06] tel que:

$$\ddot{y}_1 \in [-C_0 \quad C_0] - w\operatorname{sgn}(e_{is}) - \frac{1}{2}\lambda\dot{e}_{is}|e_{is}|^{-1/2}$$
$$\dot{y}_2 \in [-C_0 \quad C_0] - w\operatorname{sgn}(e_{is}) \tag{5.25}$$

La démonstration de la convergence en temps fini de l'erreur e_{is} et $\dot{e}_{is}$ vers l'origine par l'algorithme super twisting est donnée comme suit :

Soit la dynamique $\ddot{y}_1$ suivante:

:

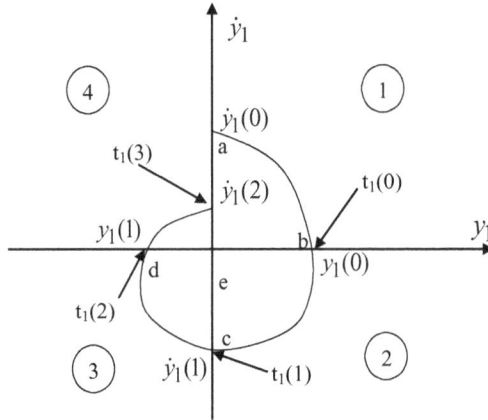

Fig.5.12 Courbe majorante de la convergence en temps fini

Premier cadran: $y_1 > 0$ et $\dot{y}_1 > 0$

La courbe majorante est donnée par $\ddot{y}_1 = -(w - C_0)$

En choisissant $w > c_0$ pour assurer que $\ddot{y}_1 < 0$ et $\dot{y}_1$ décroit et tend vers l'axe des abscisses.

Soit $y_1(0)$ l'intersection de la courbe avec l'axe y_1

$$\dot{y}_1 = -(w - C_0)t + \dot{y}_1(0)$$

A l'instant $t_1(0)$, $\dot{y}_1 = 0$, le temps parcouru par la trajectoire dans le premier cadran est :

$$t_1(0) = \frac{1}{w - C_0}\, \dot{y}_1(0), \text{ alors il vient } y_1(0) = \frac{1}{2(w - C_0)}\, \dot{y}_1(0)^2$$

Deuxième cadran: $y_1 > 0$ et $\dot{y}_1 < 0$

Dans ce cas

$$\ddot{y}_1 = -C_0 - w\,\mathrm{sgn}(y_1) - \frac{1}{2}\lambda|y_1|^{-1/2}\dot{y}_1 \tag{5.26}$$

$\ddot{y}_1$ devient négative pour un bon choix de w, la trajectoire majorante est donnée par:

$$\dot{y}_1 \geq -\frac{2}{\lambda}(w + C_0)y_1^{1/2}$$

alors $\dot{y}_1(1) = -\frac{2}{\lambda}(w + C_0)\frac{1}{\sqrt{2(w - C_0)}}\dot{y}_1(0)$

Par conséquent $\frac{\dot{y}_1(1)}{\dot{y}_1(0)} < 1$ cela conduit à $\lambda > (w + C_0)\sqrt{\frac{2}{w - C_0}}$

Les conditions suffisantes garantissant la convergence de l'état $\dot{y}_1$ et y_1 (ie $\dot{e}_{is}$ et e_{is})) vers zéro sont:

$$\begin{cases} w > C_0 \\ \lambda > (w + C_0)\sqrt{\dfrac{2}{w - C_0}} \end{cases}$$

De (5.26) on peut tirer

$$\dot{y}_1 = -(C_0 + w)t + \lambda|y_1|^{+1/2}$$

Soit $\dot{y}_1(1)$ l'intersection de la courbe avec l'axe $\dot{y}_1$, le temps $t_1(1)$ parcouru par la trajectoire dans le deuxième cadran sera:

$$t_1(1) = \frac{2(w + C_0) + \lambda^2}{\lambda(w - C_0)\sqrt{2(w - C_0)}}\dot{y}_1(0)$$

En suivant la même procédure on peut obtenir les temps de convergence pour le troisième et le quatrième cadran $t_1(2)$ et $t_1(3)$ respectivement.

$$t_1(2) = \frac{2}{\lambda\sqrt{2(w - C_0)}}\dot{y}_1(0)$$

$$t_1(3) = \frac{2(w - C_0) + \lambda^2}{\lambda^2 (w - C_0)} \sqrt{\frac{w + C_0}{w - C_0}} \, \dot{y}_1(0)$$

Soit T_1 le temps pour aller du point (a) jusqu'au point (e).

$$T_1 = t_1(0) + t_1(1) + t_1(2) + t_1(3)$$

Les trajectoires décrivent un nombre infini de spirales tout en convergeant en temps fini vers l'origine. Les fonctions $\dot{y}_1$ et y_1 décroissent avec une progression géométrique et atteignent la surface de glissement $\dot{y}_1 = y_1 = 0$ (ie $\dot{e}_{is} = e_{is} = 0$) dans un temps fini égal à

$$T = \sum_{i=1}^{\infty} T_i = \frac{1}{1 - \tilde{R}} T_1$$

Telle que $\tilde{R} = \dfrac{2(w - C_0)}{\lambda^2} \sqrt{\dfrac{w + C_0}{w - C_0}} < 1$

Si le mode glissant est atteint, on peut considérer l'erreur en courant nulle $e_{is} = \dot{e}_{is} = 0$ alors on a :

$$\Lambda_{2eq} = -\beta A e_{\phi r} \tag{5.27}$$

5.4.3.3 Observateur de flux

L'observateur du flux peut être obtenu en utilisant des contrôles équivalents (5.19) et (5.27).

Le flux observé sera donné par:

$$\frac{d\hat{\phi}_r}{dt} = \alpha M \hat{i}_s - \Lambda_{1eq} + H \frac{\Lambda_{2eq}}{\beta}$$

Où H est la matrice des gains de l'observateur qui assure sa stabilité asymptotique. La dynamique de l'erreur du flux peut être exprimée par :

$$\dot{e}_{\phi r} = -H A e_{\phi r} \tag{5.28}$$

5.4.3.4 Observateur adaptatif de vitesse

Si on considère que la vitesse est un paramètre variable, dans ce cas l'équation (5.28) devient :

$$\dot{e}_{\phi r} = -HAe_{\phi r} - H\Delta A \hat{\phi}_r \tag{5.29}$$

Où $\Delta A = \begin{bmatrix} 0 & p\Delta\omega \\ -p\Delta\omega & 0 \end{bmatrix}$, $\Delta\omega = \hat{\omega} - \omega$

Pour définir le mécanisme d'adaptation de la vitesse, on défini la fonction de Lyapunov suivante :

$$V = e_{\phi r}^T e_{\phi r} + \frac{\Delta\omega^2}{a}, \ a > 0 \tag{5.30}$$

D'où :

$$\dot{V} = -e_{\phi r}^T(HAe_{\phi r} + H\Delta A \hat{\phi}_r) - (e_{\phi r}^T A^T H^T + \hat{\phi}_r^T \Delta A^T H^T)e_{\phi r} + 2\frac{\Delta\omega}{a}\hat{\omega}$$

On choisit $H = hA^T$, avec h une constante positive.

$$\dot{V} = -2he_{\phi r}^T A^T Ae_{\phi r} - (e_{\phi r}^T A^T hA + \hat{\phi}_r^T \Delta A^T hA)e_{\phi r} + 2\frac{\Delta\omega}{a}\hat{\omega}$$

En remplaçant l'erreur du flux $e_{\phi r} = -\frac{A^{-1}}{\beta}\Lambda_{2eq}$, la condition de stabilité pour l'existence du mode glissant est :

$$\dot{V} = -2he_{\phi r}^T A^T Ae_{\phi r} - \frac{h}{\beta}(\Lambda_{2eq}^T \Delta A \hat{\phi}_r + \hat{\phi}_r \Delta A^T \Lambda_{2eq}) + 2\frac{\Delta\omega}{a}\hat{\omega} < 0$$

Après développement, l'expression de l'observateur de vitesse sera donnée par :

$$\hat{\omega} = \frac{ah}{\beta}(\Lambda_{2eq\beta}\hat{\phi}_{r\alpha} - \Lambda_{2eq\alpha}\hat{\phi}_{r\beta}) \tag{5.31}$$

Cela permet de garantir le fait que $\dot{V} = -2he_{\phi r}^T A^T Ae_{\phi r} < 0$

La valeur observée $\hat{\omega}$ sera finalement donnée par une loi mise sous la forme suivante :

$$\hat{\omega} = K_1(\Lambda_{2eq\beta}\hat{\phi}_{r\alpha} - \Lambda_{2eq\alpha}\hat{\phi}_{r\beta}) + K_2 \int(\Lambda_{2eq\beta}\hat{\phi}_{r\alpha} - \Lambda_{2eq\alpha}\hat{\phi}_{r\beta})dt \tag{5.32}$$

5.4.4 Résultats expérimentaux

Les résultats expérimentaux de la commande vectorielle par orientation du flux rotorique avec observateur de vitesse par mode glissant d'ordre deux sont illustrés par les figures (5.14) jusqu'à (5.17). Nous avons utilisé les mêmes profils que ceux précédemment présentés pour l'observateur MRAS.

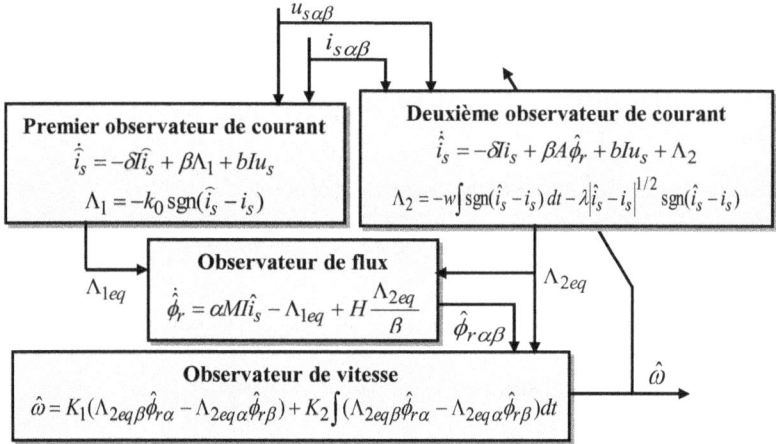

Fig.5.13 Configuration de l'observateur de vitesse par mode glissant proposé

➢ *Interprétation des résultats*

L'observateur de vitesse permet de suivre les profils imposés et l'aspect dynamique ne pose aucun problème, juste un écart très faible entre la vitesse observée et réelle. On remarque qu'au passage très près des faibles vitesses, l'estimation est bonne avec des oscillations négligeables en comparant avec celles obtenues par l'observateur MRAS. Quelques soucis apparaissent lors du maintien de la vitesse nulle mais il n y a aucune divergence particulière. La réponse du courant statorique i_{sd} et i_{sq} donnée par la Fig.5.15 est acceptable avec quelques broutements dûs à la présence de la fonction signe dans l'observateur du courant.

En ce qui concerne la robustesse en présence de la variation de $1/T_r$, le système a pu fonctionner à une variation de -50% de $1/T_r$, ce qui n'a pas été le cas avec l'observateur MRAS. Aucune perturbation n'apparait et le système devient plus

136

stable. L'observateur par mode glissant présente une bonne robustesse vis à vis de la variation de $1/T_r$. Les résultats obtenus sont satisfaisants en comparant avec ceux obtenus par MRAS.

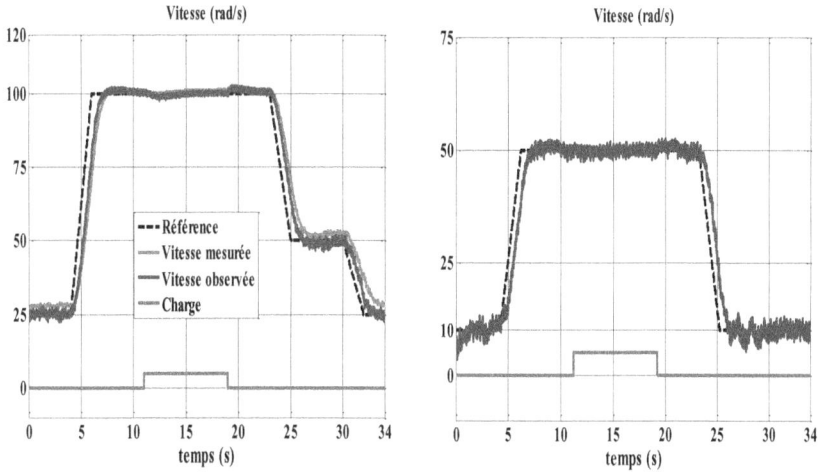

Fig.5.14 Variation de vitesse réelle et observée par mode glissant d'ordre deux

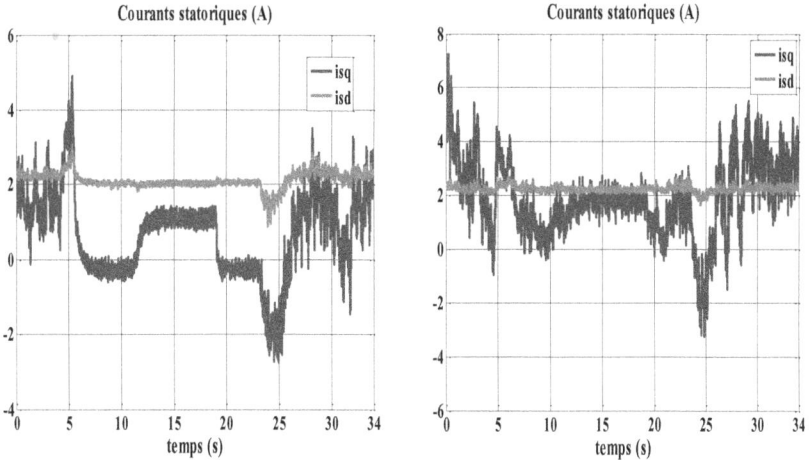

Fig.5.15 Les courants statoriques i_{sdq} observés lors de la variation de la vitesse

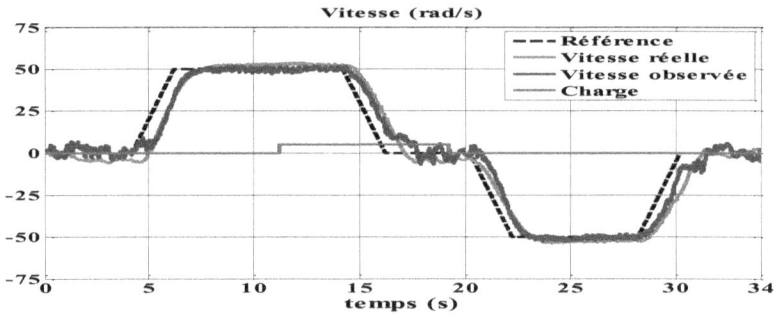

Fig.5.16 Vitesse réelle et observée avec inversion du sens de rotation.

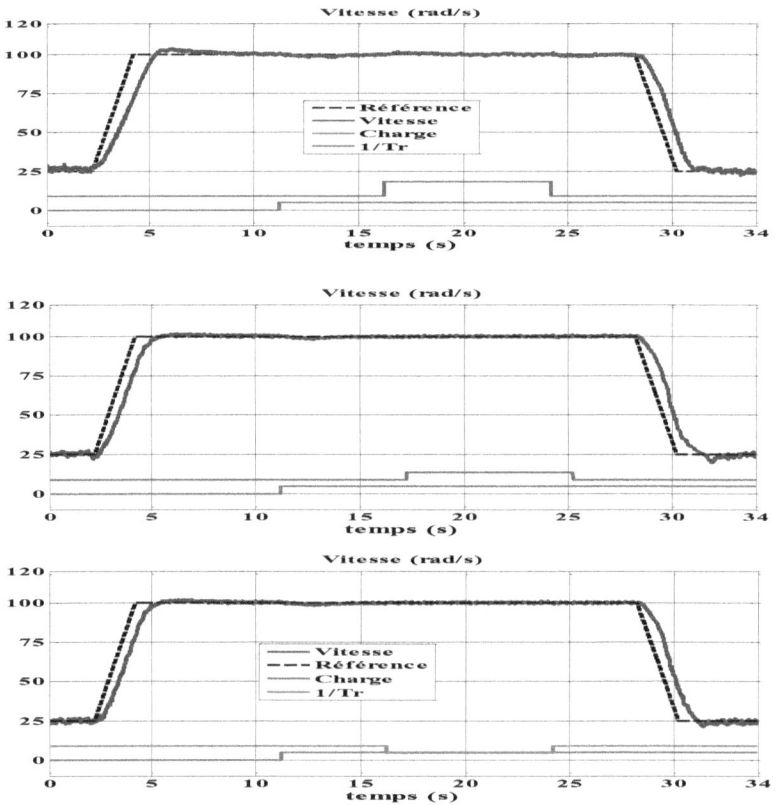

Fig.5.17 Vitesse observée en charge avec variation de 100%, +50% et -50% de $1/T_r$

138

5.5 Conclusion

Au début de ce chapitre, nous avons présenté un observateur de flux rotorique robuste basé sur le principe des modes glissants d'ordre deux en utilisant l'algorithme du twisting. Cette approche répond principalement aux besoins des lois de commande de la machine asynchrone en matière de robustesse paramétrique et assurent un bon fonctionnement. Ensuite nous avons exposé deux approches d'observation de la machine asynchrone fondées sur deux principes différents en l'occurrence, l'observateur par mode glissant d'ordre deux et l'observateur par la technique MRAS. Ces deux techniques d'observation, testées et validées expérimentalement, nous ont permis de dégager les avantages et les limites de ces types d'approches. Le suivi de la vitesse réelle est relativement bon en régime éloigné de la zone des faibles vitesses. D'après les résultats expérimentaux obtenus, l'observateur de vitesse par mode glissant d'ordre deux avec l'algorithme super twisting s'est avéré plus performant en basse vitesse. L'observateur MRAS rencontre des problèmes de convergence en traversant la zone de faible vitesse où des oscillations sont observées. Par contre l'arrêt dans cette zone s'avère très délicat. Nous avons testé la robustesse des deux techniques d'observation vis-à-vis des variations paramétriques. Selon les résultats obtenus, la technique d'observation par super twisting est plus robuste que celle par MRAS. Puisque pour ce dernier, de réelles difficultés en régime permanent sont signalées ne permettant pas d'obtenir un fonctionnement satisfaisant.

Conclusion générale

Le travail effectué porte essentiellement sur des stratégies de commandes robustes et d'observations de variables d'état appliqués et validés expérimentalement sur la machine asynchrone.

Nous avons commencé tout d'abord, par aborder le problème d'une commande vectorielle de la machine asynchrone alimentée par un onduleur de tension piloté par une modulation à largeur d'impulsion (MLI). L'amélioration des performances proposée est une linéarisation entrée-sortie par mode glissant qui réalise un découplage entre le flux et le couple. Nous avons adapté cette commande pour quelle soit implantable en temps réel en préservant deux boucles de régulation du flux et de vitesse. Différents type de régulateurs ont été utilisés, proportionnel intégrale (PI), H_∞, et mode glissant d'ordre un. Une étude comparative permettant d'apprécier les performances et la robustesse de chaque commande a été effectuée. Nous avons noté en particulier que les régulateurs robustes par H_∞ et par mode glissant ont dépassé, en termes de qualité de réponse dynamique et de rejection des effets des variations paramétriques, les correcteur PI. Ces avantages sont cependant limités par la taille du correcteur H_∞ et par le broutement que présente la correction par mode glissant.

Ensuite, une autre approche reposant sur la commande non linéaire par mode glissant d'ordre deux a été réalisée. L'objectif étant la réduction du broutement tout en assurant les performances et la robustesse données par le mode glissant d'ordre un. Dans ce cadre, nous avons utilisé l'algorithme du twisting qui assure la convergence en temps fini de la surface de glissement vers zéro. Aussi nous avons contribué à la synthèse d'un nouvel algorithme de commande par mode glissant d'ordre deux déduit de l'étude de la stabilité du système de commande à partir d'une nouvelle fonction de Lyapunov. La validation expérimentale de ces deux commandes a donné de bons résultats exigeant toutefois l'observation de la dérivée de la surface de glissement impliquant plus de calculs dans le programme à implanter et plus de gains à déterminer

Toujours, dans le contexte de la commande robuste de la MAS et vu la fragilité des capteurs, la synthèse d'observateurs pour certaines variables d'état de la machine asynchrone a été abordée dans cette thèse. Notre objectif était la conception d'observateurs robuste de flux et de la vitesse surtout en basse vitesse. Les solutions proposées étaient basées principalement sur la structure MRAS et sur le mode glissant d'ordre deux en utilisant l'algorithme de super twisting. Ce dernier algorithme a permis de réduire le broutement en n'exigeant pas l'observation de la dérivée de la surface de glissement facilitant à l'occasion sa mise en œuvre. Les résultats obtenus ont montré la robustesse et l'efficacité de la commande par 2-MG par rapport à la commande MRAS particulièrement en basse vitesse.

Annexes

Annexe A

Paramètres du moteur à induction

A.1 Paramètres électriques

$Rs = 5.72\Omega$	Résistance du stator
$Rr = 4.2\Omega$	Résistance du rotor
$Ls = 0.462H$	Inductance du stator
$Lr = 0.462H$	Inductance du rotor
$M = 0.44H$	Inductance mutuelle
$P = 1.5\ KW$	Puissance électrique
$Vs = 220\ /\ 380V$	Tension du stator
$p = 2$	Nombre de paire de pôles

A.2 Paramètres mécaniques

$J = 0.0049Kgm2$	Moment d'inertie
$f = 0.003SI$	Coefficient de frottement
$C_n = 10Nm$	Couple nominal

Fig.A.1 Plaque signalétique de la machine asynchrone du banc d'essai

Annexe B

Résolution au sens de Fillipov

La théorie classique des équations différentielles ordinaires ne permet pas de décrire le comportement des solutions dans le cas des équations différentielles impliquant des termes discontinus. C'est pourquoi des approches alternatives, mettant en cause de nouveaux outils mathématiques, ont été introduites. Parmi ces approches la résolution donnée par Fillipov.

B.1. Résolution de Fillipov

Nous considérons le système non-linéaire suivant [Utk99] :

$$\dot{x} = f(x, u)x \qquad (B.01)$$

où x représente le vecteur d'états et u le vecteur de commande :

$$u = \begin{cases} u^+ \ si \quad s > 0 \\ u^- \ si \quad s < 0 \end{cases}$$

s est la surface de glissement.

Les trajectoires du système sur la surface s ne sont pas clairement définies puisque le vecteur de commande u n'est pas défini pour s=0. Fillipov a défini une solution à ce problème en termes d'inclusion différentielle [Utk99].

La surface de glissement sépare l'espace d'état en deux régions $f^+ = f(x;\ u+)$ et $f^- = f(x;\ u-)$.

La résolution de Fillipov assume ces deux régions constantes dans un petit intervalle ($t;\ t+\Delta t$), pour un point x sur la surface de glissement s = 0. Nous savons qu'un intervalle de temps Δt est formé par deux intervalles Δt_1 et Δt_2 de la façon suivante $\Delta t = \Delta t_1 + \Delta t_2$, avec $u = u^+$ pour le premier intervalle Δt_1 et $u = u^-$ pour le deuxième Δt_2.

Alors l'incrément du vecteur d'états après l'intervalle de temps Δt est calculé comme suit :

$$\Delta x = f^+ \Delta t_1 + f^- \Delta t_2$$

La moyenne du vecteur d'états est :

$$\frac{\Delta x}{\Delta t} = \dot{x} = f^+ \alpha_{fil} + f^- (1 - \alpha_{fil}) \tag{B.02}$$

Où $\alpha_{fil} = \frac{\Delta t_1}{\Delta t}$ est le temps relatif que la commande prend pour atteindre la valeur u^+ et $(1-\alpha_{fil})$ est le temps relatif pour atteindre la valeur u^-.

L'équation (B.02) représente l'expression du mouvement pendant le régime glissant. Puisque, la trajectoire des états pendant le régime glissant est sur la surface s = 0, le paramètre α_{fil} doit être sélectionné de sorte que le vecteur vitesse du système (B.02) soit sur le plan tangent à la surface de glissement où,

$$\dot{s} = grad[s(x)]\dot{x} = grad[s(x)][f^+ \alpha_{fil} + f^- (1 - \alpha_{fil})] \tag{B.03}$$

Avec $grad[s(x)] = \frac{\partial s}{\partial x_1} + \frac{\partial s}{\partial x_2} + \cdots + \frac{\partial s}{\partial x_n}$

La solution de (B.03) est donnée par :

$$\alpha_{fil} = \frac{grad(s)f^-}{grad(s)(f^- - f^+)} \tag{B.04}$$

Si, on fait le remplacement de (B.04) dans (B.02) nous avons l'équation de glissement suivante:

$$\dot{x} = f_{sm} = \frac{grad(s)f^-}{grad(s)(f^- - f^+)} f^+ - \frac{grad(s)f^+}{grad(s)(f^- - f^+)} f^- \tag{B.05}$$

Par conséquent la solution x reste sur la surface s. Les valeurs que prend *f(x; t)* dans un voisinage de s génèrent des solutions contraintes à glisser sur la surface de glissement, voir la Fig.B.1.

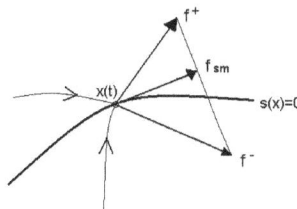

Fig.B.1. Construction de Filippov

145

Annexe C

Preuve de la convergence de l'algorithme Twisting

D'après l'équation (1.26), pour un système de degré relatif égale à deux, nous avons :

$$\ddot{s} \in [-C_0 \ C_0] + [k_m \ k_M]u \qquad (C.01)$$

Grâce aux hypothèses sur les gains λ_m et λ_M, on peut montrer que les trajectoires du système (C.01) dans le plan de phase $(s, \dot{s})$ sont inscrites à l'intérieur de deux trajectoires limites définies par les bornes des fonctions χ et ζ ($\pm C_0$, k_m et k_M) et qui caractérisent un mouvement en spirale autour de l'origine. Les trajectoires exécutent des tours et convergent vers l'origine.

Posant : $L_1 = C_0 - \lambda_M k_m$, $L_2 = C_0 - \lambda_m k_m$, $L_3 = -C_0 - \lambda_m k_M$, $L_4 = -C_0 - \lambda_M k_M$

Nous avons par hypothèse $L_1<0$, $L_2<0$, $L_3<0$, $L_4<0$.

Prenant une condition initiale $s(0) = 0^+, \dot{s}(0) > 0$. Tant que la trajectoire reste dans ce premier quadrant

$$L_4 < \ddot{s}(t) < L_1$$

Ce qui donne par intégration

$$L_4 t + \dot{s}(0) < \dot{s}(t) < L_1 t + \dot{s}(0)$$
$$\frac{L_4}{2}t^2 + \dot{s}(0)t < s(t) < \frac{L_1}{2}t^2 + \dot{s}(0)t \qquad (C.02)$$

Puisque $L_1< 0$, $\dot{s}(t)$ devient négative pour tout t assez grand, la trajectoire doit donc quitter le premier quadrant et elle ne peut le faire qu'en coupant l'axe des abscisses. Soit alors t_1 le temps pour lequel la trajectoire coupe l'axe des abscisses.

Puisque par hypothèse, $\lambda_M > \frac{C_0}{k_m}$, $\dot{s}$ décroît et s'annule pour :

$$t_1 = \frac{\dot{s}(0)}{-L_1} \text{ Où } s(t_1) = \frac{\dot{s}^2(0)}{-2L_1}$$

La commande commute alors étant donné que $s\dot{s}$ change de signe. On a maintenant $s(0) > 0, \dot{s}(0) = 0^-$, le comportement du système est donné par : $L_3 < \ddot{s}(t) < L_2$

Ce qui donne par intégration

$$L_3 t < \dot{s}(t) < L_2 t$$

$$\frac{L_3}{2} t^2 - \frac{\dot{s}^2(0)}{2L_1} < s(t) < \frac{L_2}{2} t^2 - \frac{\dot{s}^2(0)}{2L_1} \qquad \text{(C.03)}$$

s et $\dot{s}$ décroissent et la surface s = 0 est atteinte pour le temps

$$t_2 = \sqrt{\frac{1}{L_1 L_3}} \dot{s}(0) \qquad \text{où } \dot{s}(t_1 + t_2) = -\sqrt{\frac{L_3}{L_1}} \dot{s}(0)$$

La commande u commute alors une nouvelle fois et le système évolue dans la partie du plan s(0) < 0, $\dot{s}$ < 0 jusqu'au nouvel instant de commutation donné par :

$$t_3 = -\frac{1}{L_1} \sqrt{\frac{L_3}{L_1}} \dot{s}(0), \text{ où } s(t_1 + t_2 + t_3) = \frac{1}{2} \frac{L_3}{(L_1)^2} \dot{s}^2(0).$$

Le dernier quadrant du plan de phase est alors parcouru et, en procédant comme précédemment, on obtient que la loi de commande commute après un temps t_4 égale :

$$t_4 = -\frac{1}{L_1} \dot{s}(0) \qquad \text{où } \dot{s}(t_1 + t_2 + t_3 + t_4) = \frac{L_3}{L_1} \dot{s}(0)$$

A ce stade, on peut remarquer qu'on est revenu au même point dans le plan de phase qu'au début de l'algorithme, si ce n'est que la condition initiale sur $\dot{s}$ est maintenant donnée par :

$$\dot{s}(t_1 + t_2 + t_3 + t_4) = r\dot{s}(0), \ avec \ r = \frac{L_3}{L_1} < 0$$

Le temps total mis pour effectuer cette rotation est :

$$T = t_1 + t_2 + t_3 + t_4 = -\frac{1}{L_1}(2 + \sqrt{r} + \frac{1}{\sqrt{r}}) \qquad \text{(C.04)}$$

Il apparaît donc que, dans le plan de phase $(s, \dot{s})$, les trajectoires décrivent un nombre infini de spirales tout en convergeant en temps fini vers l'origine. En effet, la surface de Poincaré $\{s = 0, \dot{s} > 0\}$ est traversée à chaque k^{ieme} rotation à l'instant

$\tilde{t}_k = \sum_{i=0}^{k-1} T_i$ où $T_i = r^i T$, et on peut montrer facilement que $\dot{s}(\tilde{t}_k) = r^k \dot{s}(0)$. Donc, les fonctions s et $\dot{s}$ décroissent avec une progression géométrique et atteignent la surface de glissement $\{s = \dot{s} = 0\}$ dans un temps fini égal à :

$$\tilde{t}_\infty = \sum_0^\infty T_i = T \frac{1}{1-r} \qquad \text{(C.05)}$$

Annexe D

Notions mathématiques dans la synthèse H$_\infty$

D.1 Décomposition en valeur singulière

La décomposition en valeur singulière (SVD) est l'un des outils les plus importants dans l'algèbre numérique linéaire moderne et l'analyse numérique. En raison de la nature l'algébrique linéaire de beaucoup de problèmes de commande et l'importance de la stabilité robuste, la décomposition en valeur singulière a réussi à pénétrer dans la théorie de la commande des systèmes.

Toute, matrice complexe A de dimensions $(l \times m)$ peut être factorisée en décomposition en valeurs singuliers (SVD). Elle est définie par trois matrices dont le produit est:

$$A = U \Sigma V^*$$

Ou les matrice U et V de dimensions respective $(l \times l)$ et $(m \times m)$ sont unitaire ($UU^T = I$ et $VV^T = I$), et la matrice Σ de dimension $(l \times m)$, contient une matrice diagonale Σ_1 dont les éléments réels, et non négatifs sont les valeur singulières σ_i, classée dans un ordre décroissant. Ne sont rien d'autre que les racines carrées des valeurs propres λ_i de la matrice $A^* A$:

$$\sigma_i \big(A(jw) \big) = \sqrt{A(jw).A(-jw)^T}$$

$$\Sigma = \begin{bmatrix} \Sigma_1 \\ 0 \end{bmatrix} ; \qquad l \geq m$$

Ou : $\Sigma = \begin{bmatrix} \Sigma_1 & 0 \end{bmatrix}$; $\quad l \leq m$

Avec : $\Sigma_1 = diag\ \{\sigma_1, \sigma_2, ..., \sigma_k\}$; $k = \min\{l, m\}$

et $\overline{\sigma} \equiv \sigma_1 \geq \sigma_2 \geq ...... \geq \sigma_k \equiv \underline{\sigma} \geq 0$

La plus grande valeur singulière σ_1 définit une norme H$_\infty$ sur la matrice A. Le nombre de valeurs singulières de A non nulles indique le rang de la matrice A.

D.2. Norme H$_\infty$

La norme H$_\infty$ d'une fonction de transfert G(s) est définie par :

$$\|G(s)\|_\infty = \max_{\omega \in R} |G(j\omega)|$$

Dans le cas d'un système multivariables, la norme H$_\infty$ est définie d'une manière analogue.

Pour une matrice de transfert G(s) on définit :

$$\|G(s)\|_\infty = \sup_{\omega \in R} \|G(j\omega)\|$$

La norme matricielle $\|G(s)\|$ est égale à la valeur singulière maximale $\bar{\sigma}(G(s))$ de la matrice $G(s)$ d'où :

$$\|G\|_\infty = \sup_{w \in R} \bar{\sigma}(G(jw))$$

La norme H$_\infty$ représente la valeur maximale du rapport entre l'énergie du signal de sortie et l'énergie du signal d'entrée.

D.3 Propriétés de la norme H$_\infty$

Considérons le système suivant :

$$Y(s) = G(s)U(s)$$

Où U, Y sont respectivement l'entrée et la sortie du système et $G(s)$ est sa matrice de transfert.

La norme H$_\infty$ possède deux propriétés :

➢ La norme H$_\infty$ de la mise en série de deux systèmes, représentés respectivement par les matrices de transfert $G(s)$ et $H(s)$, c'est-à-dire la norme H$_\infty$ du produit des deux matrices de transfert, est inférieure ou égale au produit de leurs deux normes H$_\infty$

$$\|G(s)H(s)\|_\infty \leq \|G(s)\|_\infty \|H(s)\|_\infty$$

➢ La norme H$_\infty$ de la matrice de transfert de la mise en parallèle de deux systèmes $G(s)$ et $H(s)$ avec soit une entrée commune, soit une sortie commune, est supérieure ou égale à la plus grande des normes H$_\infty$ de ces deux systèmes :

$$\left\| \begin{pmatrix} G(s) \\ H(s) \end{pmatrix} \right\|_{\infty} \geq \sup\left(\|G(s)\|_{\infty}, \|H(s)\|_{\infty} \right)$$

$$\left\| \begin{pmatrix} G(s) & H(s) \end{pmatrix} \right\|_{\infty} \geq \sup\left(\|G(s)\|_{\infty}, \|H(s)\|_{\infty} \right)$$

$$\|G(s)H(s)\|_{\infty} < \gamma \Leftrightarrow |G(jw)| < \frac{\gamma}{|H(jw)|} ; \forall w \in \Re$$

Cette dernière propriété est fondamentale dans le cadre de la synthèse H_{∞} car elle permet d'imposer un gabarit fréquentiel au système en boucle fermée

Bibliographie

[Aga05] M. S. Agamy, "Sliding-mode control of induction motors with minimized control effort: A comparative study", *IEEE Conference. CCECE/CCGEI*, Saskatoon, pp. 2237-2240, May 2005.

[Ano59] D.V. Anosov, "On stability of equilibrium points of relay systems", *Automation and Remote Control*, Vol. 2, pp. 135-149, 1959.

[Arm93] E.S. Armstrong, "Robust controller design for flexible structures using normalized coprime factor plant descriptions", *NASA Technical Paper 3325. Langley Research Center Hampton*, Virginia, May 1993.

[Bar96] G. Bartolini, P. Pydynowski, "An improved, chattering free, V.S.C. scheme for uncertain dynamical systems", *IEEE Transactions on Automatic Control*, Vol. 41, pp. 1220-1226, 1996.

[Bar97] G. Bartolini, A. Ferrara, E. Punta, E. Usai, "Application of a second order sliding mode control to constrained manipulators", *EUCA, IFAC and IEEE European Control Conference. 1997.*

[Bar98] G. Bartolini, A. Ferrara, E. Usai, "Chattering avoidance by second-order sliding mode control", *IEEE Transactions on Automatic Control*, Vol. 43, No 2, pp. 241- 246, 1998.

[Bar02]. G. Bartolini, A. Pisano, E. Usai, "Second order sliding mode control of container cranes", *Automatica*, Vol, 38, N°.1, 2002.

[Bar03] G. Bartolini, A. Damiano, G. Gatto, I. Marongiu, A. Pisano, E Usai, "Robust speed and torque estimation in electrical drives by second-order sliding modes", *IEEE Transactions on Control Systems Technology*, Vol. 11, N°. 1, Jan 2003.

[Bas92] G. Basile, G. Marro, "Controlled and conditioned invariants in linear system theory", *Prentice Hall, Englewood Cliffs*, NJ, 1992.

[Beg97] R. Beguenane, M. H. Benbouzid, M. Tadjine, A. Tayebi, "Speed and rotor time constant estimation via MRAS strategy for induction motor drives", *IEEE Conference, Electric Machines and Drives*, pp. 18-21, May 1997.

[Bel93] A. Bellini, G. Figalli., "An adaptive control for induction motor drives based on a fully linearized model", *European Power Electronics Association,* 1993.

[Ben99] A. Benchaib, C. Edwards, "Induction motor control using nonlinear sliding mode theory", ECC, 1999.

[Ben01] A Benchaib, C. Edwards, "An input-output linearization based sliding mode scheme for induction motor control using a sliding mode flux observer", *EPE,* Graz, 2001.

[Bend11] H. Benderradji, L. Chrifi-Alaoui, S. Mahieddine Mahmoud, A. Makouf, " Robust control of induction motor with H_∞ theory based on loopshaping", *Journal of Electrical Engineering and Technology (KIEE)*, Vol. 6, N°. 2, pp. 226-231, Korea 2011.

[Bend12] H. Benderradji, A. Benamor, L. Chrifi-Alaoui, P. Bussy, A. Makouf, , "Second order sliding mode induction motor control with a new Lyapunov approach ", *IEEE Conference on Systems, Signals and Devices (SSD12),. Pub*, pp.1-6, Chemnitz, Germany, Mar 2012.

[Benl07] A.A. Benlatreche, "Contribution à la commande robuste H_∞ de systèmes à grande échelle d'enroulement de bandes flexibles", *Thèse de doctorat, Université Louis Pasteur*, Strasbourg 2007.

[Bla72] F. Blaschke, "The Principle of Field Orientation Applied to the New Transvector Closed-Loop Control system for Rotating Field Machines", *Siemens Rev*, Vol 39, pp 217-220, 1972.

[Boi08] I. Boiko, I. Castellanos, L. Fridman, "Analysis of response of second-order sliding mode controllers to external inputs in frequency domain", *International Journal of Robust and Nonlinear Control*, Vol. 18, pp. 502–514, 2008.

[Bon85] A.G. Bondarev, S.A. Bondarev, N.Y. Kostylyeva, V.I. Utkin, "Sliding modes in systems with asymptotic observers", *Automation and remote control*, 1985.

[Bou06] M. Bouteldja, A. El Hadri, J. C. Cadiou, J.A. Davila, L. Fridman, "Observation and estimation of dynamics performance of heavy vehicle via second order sliding modes", *International Workshop on Variable Structure Systems*, Alghero, Italy, pp. 280-285, June, 2006

[Cár05] R. Cárdenas, R. Peña,. G. Asher, J. Clare, J. Cartes, "MRAS observer for doubly fed induction machines," *IEEE Transactions on Energy Conversion*, Vol. 20, N°. 4, Dec 2005.

[Can00] C. Canudas De Witt, "Commande des moteurs asynchrones 1: Modélisation, Contrôle vectoriel et DTC", *Hermès Science Publications*, 2000.

[Car95] J.P. Caron, Hautier.J.P, "Modélisation et commande de la machine asynchrone", *Edition Technip*, 1995.

[Chat87] J. Chatelain, "Machines électriques", Tome1, *Editions Dunod*, 1987.

[Chia95] H.G. Chiacchiarini, A.C. Desages, J.A. Romagnolis, A. Palazoglu, "Variable structure control with a second-order sliding condition: Application to a steam generator" *Automatica*, Vol. 31, N°. 8, pp. 1157-1168, 1995.

[Cho97] D.R. Chouiter, "Conception et réalisation d'une commande robuste de la machine asynchrone", *Thèse de Doctorat, Ecole doctorale Electrotechnique – Electronique – Automatique*, Lyon, 1997.

[Cho97a]   D.R. Chouiter, G. Clerc, F. Thollon, J.M. Retif, "H$_\infty$ Controllers design for field oriented asynchronous machines with genetic algorithm", *IEEE Conference on Industry Applications (IAS)*, Vol. 1, pp. 738-743, 1997.

[Dav05] J. Davila., L. Fridman, A. Levant, "Second order sliding mode observer for mechanical systems", *IEEE Transactions on Automatic Control*, Vol. 50, N°11, pp. 1785-1789, Nov.2005.

[Dem02] F. Demourant, "Interactions identification-commande robuste: méthodes et applications à l'avion souple", *Thèse de Doctorat,. Supaero*, France, 2002.

[Dja93] M. Djamai., J. Hermandez, J.P. Barbot, "Nonlinear with flux observer of a singularly perturbed induction motor", *IEEE Conference on decision and Control*, San Antonio, Texas, USA, pp. 3391-3396, Dec 1993.

[Doy89] J.C. Doyle, K. Glover, P.P. Khargonekar, B.A. Francis,"State-space solutions to standard H$_2$ and H$_\infty$ control problems", *IEEE Transactions on Automatic Control*, Vol. 34, N° 8, pp. 831-847, 1989.

[Doy92] J.C. Doyle, B.A. Francis, A.R. Tannenbaum, *"Feedback control theory,"* *Macmillan Publishing Company*, 1992.

[Dra69] B. Drazenovic, "The invariance condition in sliding mode systems", *Automatica*, Vol. 5, pp. 287-295, Perganon Press, 1969.

[Duc93] G. Duc, "Robustesse des Systèmes Linéaires Multivariables",.*Polycopie de l'Ecole Supérieure d'Electricité*, 1993.

[Duc00] G. Duc, S. Font, "Commande H$_\infty$ et µ-analyse: des outils pour la robustesse", *Hermes Science Publication*, Paris, 2000.

[Duc01] G. Duc, *"Sur les nouvelles possibilités offertes par la synthèse H$_\infty$ par factorisation première"*, *Ecole Supérieure d'Electricité Service Automatique, Groupe Commande Robuste*, Nante, Juin 2001.

[Eme86] S. V. Emelyanov, S. V. Korovin, L. V. Levantovsky, "Higher order sliding modes in the binary control system", *Soviet physic*, Vol. 31, N°.4, pp.291-293, 1986.

[Eme63] S.V. Emelyanov, "On peculiarities of variable structure control systems with discontinuous switching functions", *Doklady ANSSR*, Vol. 153, pp. 776-778, 1963.

[Eme67] S.V. Emelyanov, "Variable structure control systems", *Nauka*, 1967.

[Eti02] E. Etien. S. Cauet, L. Rambault, G. Champenois, "Control of an induction motor using sliding mode linearization", *International Journal Mathematic Application Computer Science*, Vol.12, N°.4, pp. 523–531, 2002.

[Far92] D. Mc Farlane, K. Glover, "A loop-shaping design procedure using H_∞ synthesis", *IEEE Transaction on Automatic Control*, Vol. 37, pp. 759–769, 1992.

[Flo00] T. Floquet, "Contribution a la commande par modes glissants d'ordre supérieur", *Thèse de doctorat, Université des sciences et technologie, Lille*, France, 2000.

[Flo00a] T. Floquet, J.P. Barbot, W. Perruquetti, "Second order sliding mode control for induction motor", *IEEE Conference on Decision and Control*, Sydney, Australia, pp. 1691-1696, Dec, 2000.

[Fon95] S. Font, "Méthodologie pour prendre en compte la robustesse des systèmes asservis : optimisation H_∞ et approche symbolique de la forme standard", *Thèse de doctorat, Université de Paris-Sud / Supelec*, France, 1995.

[Fra87] B.A. Francis, "A course in H_∞ control theory", *Lecture notes in Control and Information Sciences*, Vol. 88, 1987.

[Fre71] E. Freund., "Design of Time-Variable multivariable Systems by Decoupling and by the Inverse", *IEEE Transactions on Automatic Control*, Vol. 16, pp 183-185, 1971.

[Fri01] L. Fridman. "An averaging approach to chattering, *IEEE Transaction on Automatic Control*, Vol 46, N°8, pp 1260-1265, 2001.

[Fri02] L. Fridman, A. Levant "Higher order sliding mode", *Systems and Control Book Series, Taylor and Francis*, 2002.

[Fil83] A.G. Filippov, "Differential equations with discontinuous right hand-sides", *Mathematics and its Applications, Kluwer*, 1983.

[Gah94] P. Gahinet, P. Apkarian, "A Linear Matrix Inequality Approach to H_∞ Control", *International Journal Robust and Nonlinear Control*, AC. 4, pp. 421-448, 1994.

[Gha05] M. Ghanes, "Observation et commande de la machine asynchrone sans capteur mécanique", *Thèse de doctorat, Université de Nantes,* France, 2005.

[Glo88] K. Glover, J.C. Doyle, "State-space formulae for all stabilizing controllers that satisfy an H_∞-norm bound and relations to risk sensitivity", *Systems and Control Letters*, Vol. 11, pp. 167-172, 1988.

[Glu99] A. Glumineau., L.C. De Souza, R. Boisliveau, "Sliding modes control of the induction motor: a benchmark experimental test", *International School in Automatic Control of Lille*, France, pp. 349-371, Sep, 1999.

[Gre95] M. Green., D.J.N. Limebeer, "Linear robust control", *Prentice Hall*, Englewoad New Jersey 1995.

[Gri01] G. Griva., F. Profumio, R. Bojoi., V. Boston., M. Cuibus, C. Ilas., " General adaptation law for MRAS high performance sensorless induction motor drives", *IEEE Conference on Power Electronics Specialists,* Vol. 2, pp. 1197-1202, Jun 2001.

[Gri96] G. Griva, F. Profumio, C. Ilas, R. Magurcanu, P. Vranka, "A unityary approach to speed sensorless motor field oriented drives based on various model reference schemes", *IEEE Conference on Industrial Application, IAS'96*, pp. 1594-1599, 6-10 Oct 1996.

[Har86] F. Harashima, H. Hashomoto, K.M. Practical, "Robust control of robot arm using variable structure systems", *IEEE, Conference. on Robotics and Automation*, San Francisco, pp. 532-534, 1986.

[Her77] R. Hermman, A Krener, "Nonlinear controllability and observability", *IEEE Transaction on Automatic Control*, Vol.25, pp. 728-740, Oct. 1977.

[Has79] K. Hasse., "On the dynamics of speed control of a static AC drive with squirrel cage induction machine", *Ph.D. Dissertation, Tech. Hochschule* Darmstradt, Germany, July 1979.

[Hel95] A. Helmersson, P. Lambrechts, "GARTEUR/TP-088-9, Group for Aeronautical Research and Technology in Europe", *RCAM Preliminary Design Document by Flight Mechanics Action Group 08*, Version 1, Sep. 1995.

[Her91] B. Herck, "Sliding mode control for singularity perturbed", *International Journal of Control*, Vol. 53, pp. 985-1001, 1991.

[Ho99] E. Ho, P.C. Sen, "High-Performance Decoupling Control Techniques for Various Rotating Field Machines", *IEEE Transactions on Industrial Electronics*, Vol. 42, N°. 1, pp 40-49, Feb. 1999.

[Hu98] J. Hu, B. Wu, "New integration algorithms for estimating motor flux over a wide speed range", *IEEE Transactions on Power Electronics*, Vol. 13, N°. 5, Sep. 1998.

[Hua04] S. Huang, Y. Wang, J. Gao, J. Lu, S. Qiu, "The vector control based on MRAS speed sensorless induction motor drive" 5th *World Congress On Intelligent Control And Automation*, Hangzhou. P.R. China, June, 2004,

[Ina02] N. Inanc, "A new sliding mode flux and current observer for direct field oriented induction motor drives", *Electric Power Systems Research, Elsevier Science,* Vol. 63, pp. 113-118, 2002.

[Isi81] A. Isidori,. A.J. Krener,. C. Gori Giorgi., S. Monaco, "Nonlinear decoupling via feedback: a differential geometric approach", *IEEE Transaction on Automatic Control*, Vol. 26, pp.331-345, 1981.

[Isi89]. A Isidori, "Nonlinear control systems", *Springer- Verlag, 2nd Edition*, New York, 1989.

[Isi95] A. Isidori. "Nonlinear control system", *Springer Verlag, 3rd Edition*, Berlin, 1995.

[Jun99] J. Jung., K. Nam, "A Dynamic Decoupling Control Scheme for High-Speed Operation of Induction Motors", *IEEE Transactions on Industrial Electronics*, Vol. 46, N°. 1, pp 100-110, February 1999.

[Ken06] G. Kenné, T. Ahmed-Ali, F. Lamnabhi-Lagarrigue, **A.** Arzandé, "Time-varying parameter identification of a class of nonlinear systems with application to online rotor Resistance estimation of induction motors", *IEEE International Symposium on Industrial Electronics*, Montreal, Quebec, Canada, Vol. 1, pp. 301-306, July, 2006,.

[Kha03] K. Khan., S. Spurgeon., A. Levant, "Simple output feedback 2-Sliding controller systems of relative degree two", *European Control Conference, ECC03*, Cambridge, 2003.

[Kim94] Y.R. Kim, S.K Sul, M.H. Park, "Speed sensorless vector control of induction motor using extended Kalman filter", *IEEE transaction on Industry Applications*, Vol. 30, N°. 5, pp. 1225-1233, October. 1994.

[Kim90] D. Kim, I. Ha,. M. Ko, "Control of induction motors via feedback linearization with Input-output decoupling", *International. Journal. Control. Vol.* 51, N°. 4, pp. 863-883, March 1990.

[Kub02] H. Kubota., I. Sato., Y. Tamura, K. Matsuse, H. Ohta, Y. Hori, "Regenerating-mode low-speed operation of Sensorless induction motor drive with adaptive observer", *IEEE Transaction on Industry Applications*, Vol. 38, N°.4, pp.1081-1086, July, 2002.

[Kwo05] T-S. Kwon, M-H. Shin, D-S. Hyun., "Speed Sensorless stator flux oriented control of induction motor in the field weakening region using Luenberger observer", *IEEE Transaction on Power Electronics,* Vol. 20, N°. 4, pp. 864- 869, July 2005.

[Krz87] Z. Krzeminski, "Nonlinear control of induction motor", *IFAC. 10th World Congress Automatic Control*, Munich, , pp. 349–354, Germany, 1987.

[Lag03] S. Laghrouche, F. Plestan., A. Glumineau., R. Boisliveau, " Robust second order sliding mode control for a permanent magnet synchronous motor", *IEEE American Control Conference*, Denver, Colorado, pp. 4071-4076, June, 2003.

[Lei04] V.A. Leite, R.E. Araujo, D. Freitas, "Full and reduced order extended Kalman filter for speed estimation in induction motor drives: A comparative study", *IEEE Power Electronics Specialists Conference,* Aachen, Germany, pp. 2293-2299, 2004.

[Leo96] W. Leonhard, "Control of electrical drives", *Springer Verlag*, 2eme Edition, 1996

[Leva85] M. Levantovsky, "Second order sliding algorithms : Their realization. Dynamics of heterogeneous systems, Institute for system studies", *Moscow*, pp. 32-43, 1985.

[Lev93]. A. Levant, "Sliding order and sliding accuracy in sliding mode control", *International Journal of Control*, Vol.58, N°.6, pp.1247-1263, 1993.

[Lev98] A. Levant, "Arbitrary-order sliding modes with finite-time convergence", *IEEE Mediterranean Conference on Control and Systems*, 1998.

[Lev99]. A. Levant, "Controlling output variable via higher order sliding modes", *European Control Conference*, Karlshruhe, Germany, 1999.

[Lev00] A. Levant, A. Pridor, R. Gitizadeh, I. Yaesh, J. Z. Ben-Asher, "Aircraft pitch control via second-order sliding technique". *AIAA Journal of Guidance, Control and Dynamics*, Vol. 23, N°. 4, pp. 586-594, 2000.

[Lev02] A. Levant, "Construction principles of output-feedback 2-sliding mode design", *IEEE Transaction on Decision and Control*, Las Vegas, USA, pp. 317-322, Dec 2002.

[Lev07] A. Levant, "Principles of 2-sliding mode design", *Automatica, Elsevier science*, Vol. 43, pp. 576–586, 2007.

[Li05] J. Li, L. Xu, Z. Zhang, "An adaptive sliding mode observer for induction motor Sensorless speed control", *IEEE Transaction on Industry Application*, Vol. 41, N°. 4, pp.1039-1046, July, 2005.

[Lin98] F.J. Lin, R.J. Wai,. R.H. Kuo, D.C. Liu, "A comparative study of sliding mode and model reference adaptive speed observers for induction motor drive", *Elsevier science, Electric Power systems research,* Vol. 44, pp. 163-174, 1998.

[Mak04] A. Makouf, " Commande robuste d'un variateur de vitesse pour la machine asynchrone ", Thèse de doctorat es Sciences, Université de Batna, 2003.

[Mak03] A. Makouf, M.E.H. Benbouzid, D. Diallo, N.E. Bouguechal, "Induction motor robust control: An H_∞ control approach with field orientation and input-output linearizing", in proceedings of IEEE-IECON '01 (International Conference of the IEEE Industrial Electronics Society), Vol.2, pp. 1406-1411, Denvers, Colorado(USA), Nov 29- Dec 2, 2001.

[Mar93] R. Marino, S. Peresada, P. Valigi, "Adaptive input-output linearizing control of induction motors", *IEEE Transactions On Automatic Control*, Vol. 38, N°.2, Feb 1993.

[Mar04] R. Marino., P. Tomei, C.M. Verrelli, "A global tracking control for speed sensorless induction motors", *Automatica*, Vol. 40, pp. 1071-1077, Jan 2004.

[Mat99] A. Matsushita, T. Tsuchiyat, "Decoupled Preview Control System and Its Application to Induction Motor Drive", *IEEE Transactions on Industrial Electronics*, Vol. 42, No 1, pp 50-57, Feb, 1999.

[Mez06] A. Mezouar, M. K. Fellah, S. Hadjeri, "Robust sliding mode control and flux observer for induction motor using singular perturbation", *Electrical Engineering, Springer-Verlag*, 2006.

[Oua97] M. Ouali., M.B.A. Kamoun, "Field-oriented control induction machine and control by sliding mode", *Elsevier, Simulation Practice and Theory* N°. 5, pp. 121-l 36, 1997.

[Pal06] L. Palladino, "Analyse comparative de différentes lois de commande en vue du contrôle global du châssis", *Thèse de doctorat, Université de Paris sud XI*, 2006.

[Para92] P.N. Paraskevopoulos, N. Koumboulis, "The Decoupling of Generalized State Space Systems via State Feedback", *IEEE Transactions on Automatic Control*, Vol. 37, pp 148-152, 1992.

[Par91] M-H. Park., K-S. Kim, "Chattering reduction in the position control of induction motor using the sliding mode", *IEEE Transaction. on Power Electronics*, Vol.6, N°. 3, July. 1991.

[Per99] W. Perruquetti, J.P. Barbot, "Sliding Modes control in Engineering". Edition Marcel Dekker, Inc., 1999.

[Pol09] A. Polyakov, A. Poznyak, "Lyapunov function design for finite-time convergence analysis: Twisting controller for second-order sliding mode realization", *Elsevier, Science direct journal, Automatica, Vol.* 49, pp. 444-448, Mexico, 2009.

[Pre02] E. Prempain, I. Postlethwaite, A. Benchaib, " A linear parameter variant H_∞ control design for an induction motor ", *Elsevier Science, Control Engineering Practice,* Vol.10, pp. 633–644, 2002.

[Qin06] W. Qinghui, S. Cheng, "Novel hybrid sliding-mode controller for direct torque control induction motor drives", *American Control Conference*, Minneapolis, Minnesota, USA, pp. 2754-2758, June 2006

[Rac96] A. Rachid, "Systèmes de régulation", *Edition Masson*, Paris, 1996.

[Ras05] M. Rashed, K.B. Goh, M.W. Dunnigan, P.F.A. MacConnell, A.F. Stronach, B.W. Williams, "Sensorless second-order sliding-mode speed control of a voltage-fed induction-motor drive using nonlinear state feedback", *IEE Proc.- Electronics Power Appllications*, Vol. 152, N°. 5, Sep. 2005.

[Ram01] L. Rambault, C. Chaigne, G. Champenois, S. Cauet, "Linearization and H_∞ controller applied to an induction motor", *EPE Conférence*, Graz, 2001.

[Sal04] T. Salgado Jimenez, "Contribution µa la commande d'un robot sous-marin autonome de type torpille", Thèse *de Doctorat, Université de Montpellier II*, 2004.

[Saa06]. H. Saadaoui,. M. Djemai,. N. Manamanni,. T. Floquet,. J-P. Barbot, "Exacte differentiation via sliding mode observer for switched systems", *IFAC Conference. on Analysis and Design of Hybrid Systems*, Alghero, Italy, pp. 7-9, June 2006.

[Sam04] M. Samaoui, "Commandes non lineaires robustes mono et multidimensionnelles de dispositif électropneumatiques: Synthèses et applications", *Thèse de doctorat, INASA de Lyon*, 2004.

[Sch89] C. Schauder, "Adaptive Speed Identification For Vector Control Of Induction Motors Without Rotational Transducers", *IEEE Conference IAS Annual Meeting*, pp. 493-499, 1989.

[Shi02] K.L. Shi., T.F. Shan, Y.K. Wong, S.L. Ho, "Speed estimation of an induction motor drive using an optimized extended Kalman filter", *IEEE Transactions on Industrial Electronics*, Vol. 49, N°. 1, pp.124-133, Feb 2002.

[Sir88] H. Sira-Ramirez, "Differential geometric methods in variable-structure control", *International Journal control*, Vol. 5, N° 4, pp. 1359-1390, 1988.

[Ses02] S. Seshagiria, H.K. Khalil, "On introduction integral action in sliding mode control", *IEEE Conference on Decision and Control*, Las Vegas, Nevada, USA, pp.1473-1479, 2002.

[Ses05] S. Seshagiria, H.K. Khalil., "Robust output feedback regulation of minimum phase nonlinear systems using conditional integrators", *Automatica*, Vol. 41, pp. 43-54, 2005.

[Slo91] J.J. Slotine, W. Li, "Applied nonlinear control", *Printice-Hall international*, 1991.

[Sos09] M.C. Sosse Alaoui, "Commande et observateur par modes glissants d'un système de pompage et d'un bras manipulateur", *Thèse de doctorat de l'université de Sidi Mohammed Ben Abdellah*, Fess, 2009.

[Shy96] K-K. Shyu, H-J. Shieh, "A new switching surface sliding-mode speed control of induction motor drive systems", *IEEE Transaction on Power Electronics*, Vol. 11, N°. 4, July 1996.

[Tzy55] Y.Z. Tzypkin, "Theory of control relay systems", *Moscow : Gostekhizdat*, 1955.

[Utk92] V.I. Utkin, "Sliding mode in control and optimization", *Springer-Verlag*, Berlin, 1992.

[Utk93] V.I. Utkin, "Sliding mode control design principles and applications to electric drives", *IEEE Transaction on Industrial Electronics*, Vol. 40, N°. 1, Feb. 1993.

[Utk99] V.I. Utkin; J. Guldner et J. Shi, "Sliding mode control in electromechanical systems", *Taylor-Francis*, 1999.

[Wai05] R-J. Wai, J-D. Lee, .K-M. Lin, "Robust decoupled control of direct field oriented induction motor drive", *IEEE Transactions on Industrial Electronics*, Vol. 52, N°. 3, pp. 837- 854. June 2005

[Wan99] W.J. Wang., J-Y. Chen, "A new sliding mode position controller with adaptive load torque estimator for an induction motor", *IEEE Transaction. on Energy Conversion*, Vol. 14, N°. 3, Sep. 1999.

[Won70] W. Wonham, A.S. Morse, "Decoupling and Pole Assignment in Linear Multivariable System: a Geometric Approach", *SIAM Journal*, 1970.

[Yan00] Z. Yan, C. Jin, V. I. Utkin, "Sensorless Sliding-Mode Control of Induction Motors", *IEEE Transaction on Industrial Electronics*, Vol. 47, N°. 6, pp. 1286- 1297, Dec. 2000.

[Zam81] G. Zames, "Feedback and Optimal Sensitivity: Model Reference Transformations, Multiplicative Semi-norms and Approximate Inverses", *IEEE Transactions on Automatic Control*, Vol. 26, pp. 301-320, 1981.

[Zem07] A. Zemouche, "Sur l'observation de l'état des systèmes dynamiques non linéaires", *Thèse de doctorat, Université Louis Pasteur Strasbourg I*, 2007

[Zhe98] L. Zhen, L. Xu, "Sensorless field orientation control of induction machines based on a mutual MRAS scheme," *IEEE Transactions on Industrial Electronics*, Vol. 45, N°. 5, pp. 824-831, Oct. 1998.

[Zhen06] Kai Zheng, Aik-Hong Lee, Joseph Bentsman, Philip T. Krein, " High performance robust linear controller synthesis for an induction motor using a multi-objective hybrid control strategy", *Elsevier Science, Nonlinear Analysis*, Vol. 65, pp. 2061–2081, 2006.

www.ingramcontent.com/pod-product-compliance
Lightning Source LLC
Chambersburg PA
CBHW021052210326
41598CB00016B/1192